어느 영웅 공작원의 체험

태양을 등진 달바라기

어느 영웅 공작원의 체험

태양을 등진 달바라기

지은이 ㅣ 김영규
만든이 ㅣ 최수경
초판 만든날 ㅣ 2013년 5월 8일
개정판 만든날 ㅣ 2025년 2월 1일
만든곳 ㅣ 글마당 앤 아이디얼북스
　　　　　(출판등록 제2008-000048호)
　　　　　경기도 파주시 문발로 240-21 2F
전　화 ㅣ 02)786-4284
팩　스 ㅣ 02)6280-9003
이　멜 ㅣ madang52@naver.com

ISBN ㅣ 979-11-93096-09-3(03400)

책값 18,000원

이 책에 나오는 '달바라기'란 뜻은
북한에서는 김정일을 민족의 태양으로 숭배하며
모든 사람은 그 태양을 따르는 '해바라기'라고 하지만
대다수 주민은
그 태양을 등지고 사는 '달바라기'이다.

머리말 ㅣ이 책에 나오는 '달바라기'는 '해바라기'의
반대어로 필자가 만들어낸 조어이다.

　3대 권력 세습을 하면서, 적대계층은 3대에 걸쳐 학대를 일
삼는 유일한 나라…세상에 태어나 인생을 잘 살아보고 싶은 것
은 모든이의 소원이다. 하지만 예로부터 오늘에 이르기까지 수
천 년 세월동안 자신의 삶을 보람있게 살았다고 자부할수 있
는 사람은 많지 않을 것이다. 인간은 누구나 한번은 죽는다. 수
명이 다 하거나, 각종 자연 재해나 사고, 질병으로 죽기도 하지
만, 통치자를 잘못 만나 모진 학정에 시달리며 평생을 노예처
럼 살다 굶주림에 지쳐 죽는 죽음도 있다. 지금 이시간에도 '주
체의 조국'이라고 자랑하고 있는 '조선민주주의인민공화국'(이
하 북한)에서는 이런 비참한 죽음이 일어나고 있다.
　이 책에 나오는 '달바라기'란 의미는 '해바라기'의 반대어로
필자가 처음으로 만들어낸 조어(造語)이다. 굳이 사전에도 없
는 그런 조어를 만들어내게 된 데에는 그럴만한 이유가 있다.
북한에서는 1970년대부터 김일성·김정일 세습 왕조체제가 구
체화 되가면서 김일성과 김정일을 '민족의 태양'이라 칭하고,
주민들은 오로지 김씨 부자만을 따르는 '해바라기'라 선전하며

우상 숭배를 강요하기 시작했다. 그렇다면 그 혹독한 북한 공산체제 하에서 박해 받고 사는 절대다수 주민들은 과연 '해바라기'일까? 그렇지 않다.

그들은 '태양'과 등을 돌리고 사는 '달바라기'들이다. '태양'을 등지고 사는 '달바라기'들 가운데에는 반당종파분자로 숙청된 사람들도 있고, 북한으로 강제 납북된 납북자들도 있으며 자유를 찾아 대한민국으로 탈출한 월남자 가족들도 있다. 이들 모두가 김일성·김정일 족벌 독재체제로부터 혹독한 박해를 받으며 사는 '달바라기'들이다.

세상에는 많은 나라와 민족이 있지만 자기 나라 국민들을 반동으로 몰아가며 대를 이어 혹독하게 학대하는 나라는 오직 북한밖에 없다. 김일성이 해방 직후부터 30년을 장기집권한 데다가 자기 아들 김정일에게 권력을 넘기는 족벌세습체제가 형성되어 있기 때문이다. 그런데 이제는 그 권력을 김정일의 세번째 첩의 아들인 김정은에게까지 3대를 세습하고 있으니… 정상적인 사고를 가진 사람이라면 누구나 그 정답을 쉽게 알아

낼 수 있을 것이다.

공산주의 종주국인 소련에서도 스탈린은 아들에게 권력을 넘겨주지 않았고, 공산 대국인 중국에서도 아들에게 권력을 넘긴 사례는 없다. 그리고 동유럽의 그 많은 사회주의 국가들 역시 아들에게 권력을 넘긴 경우는 없다. 유독, 루마니아 수상 차우세스코가 자기 아들에게 권력을 넘기려다가 루마니아 노동자들의 규탄을 받으며, 노동자들의 손에 의해 처형당한 사실이 있을 뿐이다. 그런데 아직도 북한이 '천안함사건'을 '남한당국의 조작극'이라고 생떼를 부리고 있는데도 북한의 공작금을 받아 움직이고 있는 종북 추종자들은 '남북관계'를 운운하며 남북대화를 추진하자고 주장하고 있는 그런 '얼빠진'자들이 지금 각종 재야단체, 심지어 국회에까지 파고들어 활개를 치고 있다.

종북 추종자들은 잘 들어라!

"당신들은 지금 북한의 인권문제가 얼마나 심각한 문제로 떠오르고 있는 줄이나 알고 그따위 짓들을 하고 있는가? 지금 세상에서 가장 간악한 인권 유린자가 누구인가 하면 바로 당신들이 대화하자고 하는 북한의 족벌 독재자들이다." 필자 자신이 직접 6·25동란이 한창이던 1951년 3월, 국군이 1·4 후퇴 후 재진격할 때, 퇴각하는 북한군에게 붙잡혀 강제로 납북당했던 피해자로서 아직도 '이산가족 상봉'에 기대를 걸고 있는 월남자들에게 자기 때문에 반동가족으로 몰려 갖은 고생을 다 해온 그 가족들의 비참한 실상과 또 6·25 때 강제로 끌려간 납북자들의 처참한 실태를 고발하기 위해 이 책을 집필했다.

아무쪼록 이 기막힌 이야기가 많은 국민 속에, 특히 월남자들과 납북자 가족들 그리고 나라의 장래를 걸머지고 나아갈 믿음직한 후대들에게 널리 전해지기를 기대하면서 서두에 대신한다.

2013년 1월
글쓴이 김 용 규

차례

1부 북한에 가면 항거하게 되어있다

　1. 반기를 들고 일어난 남로당원들

　2. 대남공작원들의 항거

　3. 나는 금별메달과 국가 훈장을 세 차례나 받은 '영웅 공작원'

　4. '영웅 공작원'이 김일성과 결별하고 의거 월남한 까닭은?

2부 대북 역공작

　1. 대남공작원들의 자수행렬

　2. '봉화산 1호사건'

　3. 남해군 미조리 앞바다 '스님사건'

　4. 목포 유달산 '무지개사건'

　5. 부산 '다대포사건'

3부 원한의 38선

　1. 38선은 언제 어떻게 그어졌는가?

　2. 소련은 패전국도 아닌 조선을 점령했는가

　3. 공산당의 학정과 민족진영의 각성

4부 민족의 대이동

    1. 38선을 넘은 과학자·기술자·교수·박사들

    2. 38선을 넘어온 지주들과 중소 상공인·지식인들

    3. 김일성의 긴급지령

    4. 강제로 끌려간 남한의 저명인사들

5부 반당·종파분자로 숙청된 사람들

    1. 박헌영 일파로 숙청된 남로당원들

    2. 반당·종파분자로 숙청된 연안파와 소련파들

    3. 숙청된 사람들의 말로

6부 납북자들의 비참한 실태

    1. 정계인사들의 비참한 말로

    2. 납북 교수·박사들의 수난

    3. 납북된 사회 각계 저명인사들의 비극

7부 반동으로 몰리고 있는 월남자 가족

    1. 월남자 가족들에 대한 학대

    2. 월남자 가족들의 비참한 처지

    3. 월남자 가족들의 최후

8부 대한민국의 안보를 위한 긴급 제안

    1. '소리없는 전쟁'은 계속되고 있다

    2. 준동하는 종북·좌파 세력

    3. '소리없는 전쟁'을 종식하기 위한 대책

■ **부록 1** 김용규 선생은 누구인가 _ 유동열(자유민주연구원 원장)

■ **부록**   2) 국가보안법 장례위원회 명단

           3) 북한 로동당 60주년을 참관한 전교조 명단
           4) 김일성 비밀교시
           5) 김정은 비밀교시

■ **내가 만난 김용규 선생**   최수경

■ **화보**

1부

북한에 가면 항거하게 되어있다

1. 반기를 들고 일어난 남로당원들

원래 남로당원들은 해방 직후에 북한에서 남파된 공작원들에게 포섭되어 젊어서부터 공산주의 이론에 현혹되면서 그 공작원의 지시에 따라 북한의 통일노선과 정책을 관철하는 투쟁에 나선 말하자면 혁명 투사들이다. 그래서 북한 로동당은 이들을 순차적으로 북한으로 소환 해 강동학원에서 세뇌교육을 시켜 재남파시키곤 했다. 그때부터 남로당원들의 반정부 투쟁은 아주 격렬하게 일어났다.

그런데 그후 박헌영을 비롯한 일제시대에 공산주의 운동을 했다는 개별적 공산주의자들이 남로당에 들어와 현 지도부를 무시하고 제각기 남로당의 주도권을 휘어잡으려고 행세하는 바람에 남로당은 어쩔 수 없이 박헌영 일파와 그 반대파로 분리될 수밖에 없었다.

박헌영은 일제시대 부터 공산주의 운동을 하다가 감옥에도 여러 번 투옥됐었다는 말이 퍼져있던 상태라 전혀 무시할 수도 없었고, 그렇기 때문에 박헌영이 남로당의 주도권을 잡으려 한다는 것을 긍정적으로 받아들이는 사람도 생기게 되었다.

그러나 당 중앙으로부터 조달되는 공작자금은 남로당의 주도권을 장악하고 있는 현 지도부로 조달되기 때문에 박헌영 일파에게 배정되는 공작금은 한 푼도 없었다. 그래서 박헌영이 활동비에 쪼들리다 못해 마지막으로 공작자금을 해결하기 위해 저지른 사건이 바로 '조선정판사 위조지폐사건'이었다.

1946년 초 '조선정판사위조지폐사건'이 일어나자 미 군정은 박헌영을 체포하기 위해 전국에 수배령을 내렸다. 그러자 박헌영은 전국 곳곳에 이리저리 피해 다니며 도피 생활을 하다가 나중에는 갈 데도 없게 되자 하는 수 없이 북한으로 도망쳐 버리고 말았다. 김일성은 박헌영을 환영하면서 그를 너그럽게 받아들여 내각부 수상 자리를 하나 내주었다.

그 후 김일성의 도발 책동으로 말미암아 6·25전쟁이 일어나고 인민군부대가 낙동강까지 진격해 내려갔다가 UN군의 '인천상륙작전'으로 말미암아 김일성의 후퇴명령이 떨어져 다시 압록강까지 후퇴하게 됐을 때 남한지역에 남아있던 박헌영 일파들도 거의 월북했다.

후퇴해 올라가서 박헌영을 찾아다니는 측근들도 하나둘 생겨나기 시작했다. 그렇게 되자 박헌영은 내각 부수상으로서 자기 책무를 다하지 않고 대신에 그때 월북해온 자기들을 하나하나 규합하느라 정신없이 날뛰었다.

그러다가 한 방 맞게 된 것이 바로 박헌영 일파를 제거하기 위한 남로당 1차 숙청이었다. 그것이 거의 마무리 되게 되자 로동당 중앙위원회는 1952년 12월, 당중앙위원회 '제5차 전원회의'를 소집하고 김일성은 '당의 조직적 사상적 강화는 우리 승리의 기초'라는 제하의 보고를 하였고, 전원회의가 끝난 다음에는 전원회의 보고 정신에 입각하여 박현영 일파를 제거하는 당 대열 정비작업이 진행됐는데 이것이 바로 듣기만 해도 가슴 섬뜩한 '남로당 1차 숙청작업'이었다.

필자는 당시에 금강학원에 다니고 있었고 나이가 너무 어려서 (당시 17세) 남로당과 관련이 없다는 것이 인정되어 위기에서 모면할 수도 있었고. 남로당 숙청작업은 정말 소름이 끼칠 정도로 무자비하고 잔인했다. 그 숙청된 남로당원들은 종파수용소로 끌려가면서도 "내가 뭘 잘못했다고 그러느냐?"고 반항하면서 손가락을 깨물어 혈서를 쓰고 자결하는 사람들도 있었고, 또 다른 한편으로는 '태백산 빨치산의 노래'를 부르며 집단적으로 반대시위를 하는 사람들도 있었다.

그러나 아무리 떳떳하고 정당한 일이라 할지라도 '칼자루'는 쥐고 있는 편에서 휘두르게 되어있는 법. 도저히 당해 낼 수가 없는 것이 당시 박현영 일파의 피치 못할 운명이었다. 물론 숙청작업에 동원되어 칼자루를 쥐고 행세하는 개별적 '지도구룹 성원'들의 수준과 능력, 그리고 그 들의 아량과 양심에 따라서 비교적 경하게 취급된 간부들도 있었지만 억울하게 숙청당한 남로당 간부들이 더 많았다.

남로당 간부들이 이렇게 억울하고 가혹하게 숙청당하게 되자 520군부대에서 루트공작을 하던 남로당원들이 거기에 분개하여 반기를 들고 루트공작을 포기하면서 적이 관할하는 지역에 들어가 조직을 키워 독립적으로 투쟁하겠다고 반항하는 남로당원들도 적지 않았다.

원래 526군부대는 창설될 당시부터 남로당원들로 구성된 남로당 부대이다. 그런데 그 후 1951년 3월에 강제 납북된 청소년들을 훈련해 종합판정 검열에서 합격한 소년들을 526군부대에 배치했기 때문에 16~17세 소년들이 각 루트공작조에 1명씩 배치되어 따라 다니고 있었다.

원래 모든 방향(대대급 편제)에 있는 각 루트공작조의 모든 주도권은 루트공작 조장(남로당원)에게 달려 있다. 그런데 526군부대에 있는 남로당 당원들이 중앙급 기관에서 남로당 간부들이 너무 억울하고 가혹하게 숙청된 사례를 전해 듣고 분개해서 반기를 들고 일어나기 시작한 것이다. 남로당원들이 반기를 들었다는 것은 곧 루트공작을 포기하고 자취를 감춘 채 행방불명으로 처리되는 경우가 다반사였다.

물론 루트공작을 하는 도중에는 언제든지 순간적인 실수로 인하여 행방불명이라는 사고가 일어날 수도 있다. 그러나 그것은 어쩌다가 실수로 한두 건 일어날 수 있지 이렇게 갑자기 많이 생긴다는 것은 결코 우연한 사고가 아니다. 그래도 526군부대에서는 '밑 빠진 독에 물 퍼붓기식'으로 행방불명되면 보충하고 또 행방불명되면 또 보충하는 식으로 대열을 충당해 나갔다.

하긴 526군부대 부대장을 비롯해 서부연락소, 중부연락소, 동부연락소 소장들과 모든 지휘간부들, 그리고 각 방향장들까지도 남로당원들이 하나도 없었기 때문에 대열관리를 그렇게 할 수도 있겠다. 그런데 모든 루트공작조에서 반기를 들고 일어난 것은 각 공작조장의 결심에 따라 행해지고 있는 것인 만큼 이것은 그 누구도 막을 수 없는 결사적인 항거이다. 문제는 이렇게 행방불명되는 사고가 너무도 자주 많이 일어난다는 데 있다.

그중에는 물론 남조선혁명을 위해 목숨을 걸고 독립적으로 투쟁하고 있는 사람도 있겠지만 시국이 시국이니만큼 산속 깊이 들어가 은둔하고 있으면서 기회를 노리는 사람들도 많았다. 그러나 루트방향에서는 그들을 일일이 찾아다닐 수도 없고 그저 행방불명으로 처리하는 수밖에 다른 특별한 수가 없었다.

문제가 이렇게 심각하게 되자 526군부대 각 방향에서는 이 문제를 아주 심각하게 논의하기 시작했다. 그런데 방향장은 갑자기 행방불명이 많이 발생하고 있는데 그저 일방적으로 루트공작원들이 자유주의적 경향이 농후해서 무책임하게 행동하기 때문에 그런 사고가 잦아지고 있다는 식으로 지적하고 나섰다. 그러자 각 루트조장들은 일제히 반기를 들고 일어났다.

"방향장 동지가 그렇게 무책임한 입장에서 문제를 처리하려 하신다면 우리는 이미 결심한 대로 따로 행동할 수밖에 없습니다. 이번에 중앙당에서 제5차 전원회의 보고 정신에 입각해서 남로당 1차 숙청작업이 진행되었는데 참 억울하게 숙청된 간부들이 너무도 많습니다. 예를 들어서 영등포구역당 위원장을 하시던 OOO 동지는 해방 직후부터 지금까지 누구보다도 투철하고 성실하게 투쟁해 온 가장 존경받는 분 중의 한 분이십니다. 이번에 이렇게 억울하게 숙청된 분들이 한두 사람이 아닙니다. 많은 분이 이렇게 억울하게 숙청을 당했는데 우리가 어떻게 가만히 보고만 있을 수 있겠습니까? 이 문제는 방향장 동지가 책임지고 나서서 해결하셔야 합니다."

"우리가 보기에는 이번에 당중앙위원회 제5차 전원회의 보고 정신에 입각해서 당 대열을 정리하는 작업에 동원된 그 지도구성원들 가운데 칼자루를 마구 휘두른 자들이 있는 것 같은데 그런 자들을 어떻게 당내에 그대로 둘 수 있겠습니까?

그렇다면 우리가 어떻게 목숨을 걸고 당 중앙을 지켜 싸울 수 있겠습니까? 만약에 방향장 동지가 나서서 이 문제를 책임지고 풀지 않으신다면 우리는 이미 각오한 대로 루트공작을 포기하고 적구(敵區)에 나가서 따로 조직을 키워 독립적으로 투쟁하겠습니다."

그러자 방향장이 벌떡 일어나서며 루트공작 조장들을 진정시켰다.

"나는 이 문제가 그렇게 심각한 내용인 줄을 전혀 모르고 있었는데 이제 듣고 보니까 아주 심각한 문제 같습니다. 내가 내일 당장 상급 당에 올라가서 문제를 신중하게 제기하고 올테니까 그때까지만 진정하고 기다려 주시오." 그러면서 루트조장들을 진정시켰다. 그리고 그날로 당장 526군부대 당 위원회에 올라가서 문제의 심각성에 대해 제기했다.

"지금 루트공작 조장들이 모두 루트공작을 포기하고 적구에 들어가서 독립적으로 투쟁하겠다며 반기를 들고 나섰습니다. 부대 당 위원회에서도 이번 문제에 대해서 신중하게 잘 처리해야 하겠습니다."

알고 보니까 이 문제는 한 방향에서만 일어난 것이 아니라 그 며칠 사이에 각 연락소마다 다 같이 들고 일어난 것이다. 그래서 중앙당에서도 그 내용을 신중하게 받아들이고 지도그룹에 동원되었던 개개인에 대해서 다시 한번 깊이 재검토하고 대폭 교체시킨 사실이 있었다.

2. 대남공작원들의 항거

북한에서는 1953년 7월, 휴전협정이 체결되고 북한 사회가 안정되어 감에 따라 점차 대남공작을 확대 강화하기 시작하였다. 그래서 남한 출신들은 모두 선발대상이 되고 그 가운데서 우선 당성이 강해 보이는 대상들부터 대남공작원으로 선발해 5군부대(공작원 양성기지, 일명 중앙당 정치학교에 입교시켜 공작원으로 양성한 다음, 각 초대소에 밀봉시켜 공작 임무를 부여하면서 공작 구상을 시켜왔다.

하지만 북한 당국자들이 애당초부터 대한민국을 상대로 공작을 한다는 그 자체가 어불성설이다. 공산주의 혁명이 실현 불가능한 마르크스의 '공상적 학설'에 불과하다는 것은 이미 국제 공산주의 운동 역사를 통해 증명되었다. 북한 당국자들이 선발대상으로 삼고 있는 남한 출신들 가운데 이런 사실을 모르는 사람은 없다.

그런 사람들을 남파시켜 도대체 무엇을 어떻게 하겠다는 것인가? 그런데 아직도 적화통일 야욕을 포기하지 않고 대남공작을 꿈꾸고 있으니 정말 가관스럽다고 아니할 수 없다.

앞에서 언급된 바와 같이 대남공작이라는 것은 적구에서 활동하는 특수공작이다. 그러니만치 공작원을 선발하려면 그런 특수공작에 상응한 천부적인 기질이 겸비된 사람으로 선발해야 하는 것이다. 그리고 공작원들을 선발하고 양성해서 남파 공작을 시키고 있는 로동당 연락부의 공작 담당자들부터 그런 혁명가적 자질을 겸비하고 있어야 한다는 것은 두말할 필요도 없는 것이다.

그런데 로동당 연락부 부장 이하 연락부 관계자들 가운데에는 그런 혁명가적 자질을 겸비하고 있는 자가 거의 없는 것이 사실이다. 그런 자들이 남한 출신들을 공작원으로 선발하여 대남공작을 한다는 그 자체가 모순이다.

공작원 양성기지인 695군부대라는 것도 그렇다. 그런 기구를 개선하지 않고서는 현실적으로 요구되는 그런 특수공작원을 양성할 수가 없는 것이다. 그런데 로동당 연락부에서는 그런 본질적인 문제에 대해서는 전혀 관심을 돌리지 않고 무조건 당성이 강해 보이는 대상들부터 선발해서 695군부대에 입교시켜 공작원들을 양성해 왔다.

그리고 교육 훈련을 시킨다는 것도 공작원으로서의 자질을 갖출 수 있도록 하는 훈련은 차여시하고 완전히 김일성 주체사상 하나만 강조하면서 주먹구구식으로 교육 훈련을 시키고 있다.

물론 공작원들이 당과 수령에게 충성하도록 사상교육을 하는 것은 당연한 일이다. 그러니까 그와 동시에 공작원의 자질을 갖출 수 있도록 하는 기본교육과 훈련을 시켜야 하는데 연락부 공작관계자들은 자질 문제에 대해서는 너무도 차여시하고 사상 하나만 강조하고 있다. 그 결과 휴전 이후 반세기가 넘도록 대남공작을 전개해 왔지만, 그 실적을 총화(總和)해 보면 하나도 성공한 것이 없다.

그럼에도 불구하고 그들은 모든 실패 원인을 공작원들의 자질 문제에서 찾으려고 하지 않고 무조건 당성이 약하기 때문에 실패한다고 보고 있다. 그렇기 때문에 공작원들은 거기서부터 불만을 품게 되는 것이다.

또 그뿐만이 아니라 북한으로 끌려간 남한 출신들 가운데서 북한 사회가 좋은 사회라고 한 순간이나마 보람을 느껴본 사람은 단한 사람도 없다. 그리고 대남공작을 준비하는 것도 원리 원칙대로 하는 것이 아니라 틈만 있으면 귀가 아프도록 '김일성 주체사상'과 충성 하나만 강조하고 있다. 그렇기 때문에 공작원들이 남한으로 침투하는 데 성공하기만 하면 우선 대남공작을 거부하고 정보기관을 먼저 찾아가 자수하는 길을 택하게 되는 것이다.

왜냐하면, 남한 출신들은 누구를 막론하고 북한으로 끌려가서 자기의 젊은 인생을 송두리째 빼앗겨버리고 죽도록 이용만 당하면서 북한 사회가 좋다고 생각해 본 적이 없으므로 우선 적개심부터 생기게 되고, 그렇기 때문에 대남공작이라는 것이 제대로 수행될 수가 없는 것이다.

이제는 휴전협정이 체결된 지도 어언 반세기가 흘렀다. 그 기간에 6·25 당시 납북된 남한 출신 1세들은 거의 다 없어지고 이제는 2세들로 그 자리를 메우고 있다.

그 사이에 대한민국은 세계에서 12번째 경제 대국이 되었고, 북한은 세계에서 가장 극빈한 나라 중의 하나로 되어 버렸다. 그런데도 북한 당국자들은 북한이 못 살게 된 이유가 미 제국주의자들이 경제 봉쇄 정책을 쓰고 있기 때문에 못사는 것이라고 생억지를 부리고 있다. 그동안 남파되었던 공작원들이나 지금 준비 중인 공작원들은 모두 빨리 침투되기만 기다리고 있는데, 물론 침투하다가 재수 없이 잘못되는 예도 있겠지만 살아서 침투하는 데 성공을 한다면 대남공작을 거부하고 정보기관을 먼저 찾아가는 길을 택할 수 있기 때문이다.

일단 집으로 가기 전에 정보기관부터 찾았다는 이유만으로도 우선은 그를 믿을 수가 있다. 또 그런 공작원들이 한두 사람이 아니라 거의 모두가 그렇고, 공작원들의 진술한 내용을 분석해 보면 아주 비슷한 내용도 많고, 또 가치 있는 중요한 정보가 많은 것도 사실이다. 그중에는 시간을 놓치면 안 될 아주 중요한 정보도 있다.

"상륙지점은 금강 하구 모 지점, 상륙시간은 1970년 9월 21일 밤 12시 거기서 안내원과 제1 접선장소와 제1 무인포스트 장소를 약속하고 다시 접선신호와 암호를 확인한 다음 헤어졌다."

그러고 보니까 남쪽에서는 이 정보를 제공한 공작원 하나만 받아들인다는 것이 너무도 아쉬웠다. 그래서 더 큰 성과를 거두기 위해 그가 침투한 한 달 후에 그의 암호로 전파를 날렸다.

'공작지역에 무사히 도착, 제1 대상에 대해 공작을 해 본 결과 성향이 매우 좋고 대동월복에 쾌히 응하고 있슴. 다음 지시 바람'

그러자 그로부터 3일 후 하향 지시가 내려왔다.

'보고받았슴. 무사 도착을 축하함. 대상의 성향이 그렇게 좋을 것 같으면 속성으로 전개하여 10월 28일 밤 12시 제1 접선장소에서 접선하고 대동 월복시킬 것. 전투를 바람'

접선날짜가 28일이니까 작전부에서는 통상 3일 전에 내려와서 접선장소에 접근하여 그 주변에 잠복하고 접선날짜를 기다리면서 주변 동정을 살핀다. 우리 측에서는 만일의 경우를 예견하여 그보다 이틀 먼저 접선장소와 해안가 상륙장소를 완전히 포위한 채 기다리고 있었다.

그런데 아나나 다를까 접선날짜 삼 일 전에 바닷가에 납작한 배가 하나 접근하더니 사나이 둘이 내려서 접선장소로 은밀히 접근해 갔다. 이제는 지루한 시간도 다 지나고 긴장된 시간이 흘렀다. 담배를 피우고 싶어도 피우지도 못하고, 기침도 할 수 없으니 정말 죽을 맛이지만 참고 견뎌야만 한다. 이렇게 지루한 시간을 보내다가 드디어 28일 밤 12시 약속된 접선시간이 다가왔다. 정해진 접선규칙에 따라 하부선에서 먼저 "딱 딱 딱" 손뼉치기 세 번으로 신호를 보냈다. 그리고 잠시 후 응답신호가 날아오려는 순간, 일제사격 명령이 떨어졌다.

안내원들은 안내원들대로, 해안가에서 대기하고 있는 공작선도 손쓸 틈도 없이 눈 깜짝할 사이에 공작선 1척을 나포하고 안내원

2명과 신원 3명을 사살하는 전과를 올리게 되었다. 그런데도 남측 언론에서는 이 사건에 대해서 일절 보도되지 않았다. 로동당 연락부가 전혀 분간할 수 없도록 하기 위해서였다.

그러자 그다음 날 자정에 공작원 앞으로 하향 지시가 내려왔다.

'접선을 축하함. 다음 지시가 있을 때까지 기다리고 있을 것. 건투를 바람'

그러니까 이것은 로동당 연락부가 공작 자신과도 아직 아무런 연락이 없으니까 접선결과를 떠보기 위한 수단이다. 그래서 남쪽 공작팀에서는 다음과 같이 전파를 날렸다.

'지시 받았슴. 28일 밤 12시 하부선에서 먼저 접선신호를 보낸 다음 1시간이 넘도록 기다렸으나 접선상대가 나타나지 않아서 접선하지 못하였슴. 다음 지시 바람'

이것은 어디까지나 연락부 공작팀을 기만하기 위한 수단이었다. 그러자 또 3일 후에 하향 지시가 내려왔다.

'보고 받았슴. 다음 지시 있을 때까지 기다리고 있을 것. 건투를 바람'

이것 또한 연락부 공작팀이 아직도 자선과 안내원과도 아무런 연락이 안 되니까 여러 가지로 검토하기 위한 수단이었다.

그 후 한 달 두 달이 지나도록 아무 연락이 없는 것으로 보아 로동당 연락부 공작팀에서는 무슨 사고인지는 몰라도 사고가 난 것이 틀림없는 것으로 판단했을 것이다. 하지만 어찌 됐든 남쪽에서는 적은 성과 나마 그것으로 만족을 해야만 했다.

3. 나는 금별메달과 국기훈장을 세 차례나 받은 '영웅 공작원'

1976년 9월 20일, 거문도로 남파되어 김일성과 결별을 선언하고 대한민국으로 의거 월남한 '영웅 공작원', 그 장본인은 바로 필자 자신이다. 나는 김일성의 부름을 받고 그의 집무실에서 악수까지 하고 '영웅' 칭호를 받은 사람이다. 그런 만큼 내가 실수만 하지 않고 김일성에게 잘 보이기만 하면 얼마든지 높은 지위에서 부귀영화를 누리며 잘 살 수도 있는 위치에 있었다.

그러나 북한이라는 사회가 그렇게 만만하게 생각할 수 있는 곳이 못 된다는 것을 실생활을 통해 뼈에 사무치도록 실감했다. 김일성이 직접 불러 그의 집무실에서 만났고, '공화국 영웅 칭호'도 받았건만 오히려 그것을 시기하는 자가 항상 가까운 곳에 호시탐탐 도사리고 있었다. 내가 언제 어떻게 어느 곳에서 밀고를 당할지 몰라 노심초사하며 늘상 긴장하고 있어야 하는 그곳, 그곳이 바로 북한 사회이다.

1952년 남로당 1차 숙청 당시 남로당 간부들이 억울하게 숙청당하는 것을 너무도 많이 보았고, 또 나 자신이 1957년 9월 김일성대학 철학과 3학년 때 남로당 2차 숙청에 걸려 강원도 문천기계공장 노동자로 강직(降職)되었을 당시에도 북한이라는 곳이 바로 이런 곳이로구나! 하는 것을 뼈저리게 실감한 바도 있다.

그래서 문천기계공장으로 강직되었을 때에도 전쟁 당시 군부대에서 철조망 지뢰밭을 넘나들며 루트공작을 한 경험도 있고 해서 이미 휴전선을 넘어 월남하려고 여러 번 시도했던 적도 있었지만 1952년 5월 부상한 몸이 너무도 허약해서 행동에 옮기지 못했다

나는 그런 사람이니까 언제든지 누구한테 약점을 잡히기만 하면 그것으로 끝난다는 것을 잘 알고 있었다. 그래서 나는 당의 신임을 받기 위해 이를 악물고 충성을 다해 왔다. 그랬기 때문에 공작원으로 재선발 되고서도 김일성이 불러 김일성집무실에 가서 김일성과 악수도 하고 영웅 칭호까지 받게 된 것이다.

1968년 3월 중순, 어느 날이었다. 연락부 부부장이 갑자기 초대소에 나타나더니 현관에 들어서자마자 큰소리로 다급하게 소리를 쳤다.

"조장 선생님, 어데 계십니까? 지금 수령님께서 부르시니 빨리 옷 갈아입고 가십시다."

"무슨 일인데 그러십니까? 수령님께서 이번 공작보고를 받아보시고 '이런 공작원이 다 있소? 어디 한 번 봅시다. 내 앞으로 데려오시오'라는 명령이 내려졌으니 빨리 같이 갑시다."

나는 그 소리를 듣고 담담하게 생각하며 주섬주섬 옷을 갈아입고 현관으로 나섰다. 현관 앞에는 운전사가 대기하고 있다가 내 앞에서 안내하며 자동차 문까지 열어주었다. 내가 차 안에 올라앉자 부부장은 앞 좌석에 올라타고 차는 '부르릉' 소리를 내며 초대소 골짜기를 쏜살같이 빠져나갔다.

"수령님을 뵙게 되면 어떻게 인사를 해야 합니까?"

"그거야 뭐 흔히 하는 것처럼 경애하는 수령님 안녕하십니까? 수령님의 부르심을 받고 이렇게 만나 뵙게 된 것을 무한한 영광으

로 생각합니다. 앞으로도 계속 충성을 다하겠습니다. 이렇게 하면 되지 않겠습니까?"

차 안에서 부부장과 이야기를 주고받는 사이 차는 어느덧 평양 시내를 누비며 김일성광장을 지나 중앙당 청사 앞에 멈추었다. 그러자 정문에서 미리 대기하고 있던 경호실 직원들이 차를 중앙당 1호 청사 현관 앞으로 몰고 가더니 자동차 문까지 열어주며 청사 안으로 안내해주고 김일성집무실 앞에까지 갔다. 거기에서 간단히 몸수색한 다음, 큰방 2개를 지나서 집무실 안에 들어섰다.

집무실에는 여러 중앙당 간부들과 공작관계자들이 배석하고 있었다. 나는 거수경례를 붙이고 제식 동작으로 김일성 앞으로 다가갔다.

"경애하는 수령님의 부르심을 받고 이렇게 만나 뵙게 된 것을 무한한 영광으로 생각합니다. 앞으로도 영원히 충성 다하겠습니다."

"그래그래, 잘 왔소. 아주 잘 왔소. 어서 이리와 앉으시오. 어서!"

이 말이 끝나자 나는 배석하고 있는 여러 간부에게도 간단히 눈인사를 하고 자리에 앉았는데 김일성이 나를 보더니 먼저 물었다.

"조장동무, 안내 중점에 도착할 때까지는 안내장의 지시에 따르게 되어있지 않소?"

"네. 평상시에는 그렇게 하게 되어있습니다."

"그런데 조장동무는 왜 안내조장이 썰물이 빠진 다음에 총을 찾아서 돌아갔다가 다음번에 다시 나오자고 했을 때 거기에 따르지 않았소?"

나는 자리에서 벌떡 일어서며 말했다.

'수령님, 다른 공작원들 같으면 백 명이면 백 명이 다 그렇게 했을 것입니다. 그러나 저는 여태까지 그렇게 살아오지 않았습니다. 그렇게 비겁하게 행동한다면 남조선혁명을 언제 어떻게 하겠습니까? 그래서 제가 안내조장에게 그랬습니다. 그게 무슨 소리요? 여기까지 왔다가 어떻게 그냥 돌아간단 말이오? 안 되오. 뽀 도수만 닻을 내리고 여기 남아서 기다리다가 썰물 빠진 다음에 총을 찾도록 하고 우리는 그냥 침투합시다.

그러자 안내조장이 "그래도 여기는 적 지역입니다. 그러면서 좀처럼 수그러들려고 하지 않았습니다." 그래서 제가 "적 지역이라는 건 나도 잘 알고 있소. 그러나 여기는 아무것도 없는 먼 후방의 허허바다란 말이요. 시간이 좀 지체됐을 뿐이고 상황이 발생한 것도 아닌데 무엇이 무서워서 그런단 말이요 어서 내 뒤를 따르시오" 하면서 제가 먼저 앞장섰습니다. 이렇게 해서 결국 안내조장도 할 수 없이 따라오고 공작지역에 침투하게 되었는데 막상 공작지역에 침투해 더 중요한 것을 발견했습니다.

공작지역에 들어가 보니까 제1 대상의 집은 아예 없어져 버렸고 제2 대상의 집은 돌담이 다 허물어져 사람 사는 집 같지 않았습니다. 그래서 즉시 제3 대상의 집으로 발길을 돌렸는데 이번에는 또 박수진 조원이 집 앞에 가서 문패를 보더니 깜짝 놀랐습니다.

"왜 그러느냐?"고 물었더니 문패가 막냇동생 박수명이 문패가 아니라 의용군에 같이 나갔던 바로 밑에 동생 문패라는 것입니다.

그렇다고 더 우물쭈물할 수도 없고 해서 조원 공인규에게 밖에서 망을 보도록 하고 박수진 조원을 무작정 데리고 들어갔습니다. 막냇동생은 돈 벌겠다고 파주에 있는 미군부대에 노무자로 가 있다고 하는데, 6·25 당시 의용군에 같이 나갔던 바로 아래 동생이 몹시 앓고 있었습니다.

그리고 한쪽에선 어머니가 깨어나더니 박수진 조원을 부여안고 눈물을 흘리며 모자 상봉이 시작됐는데 마냥 그대로 볼 수도 없고 해서 제가 박수진 조원의 옆구리를 쿡 찔렀습니다. 그때부터 모자 상봉을 끝내고 공작을 하기 시작했는데 시간이 너무 없어서 몇 가지 부탁 동정을 알아낸 다음 파주에 가 있는 막냇동생을 꼭 집에 와 있도록 하라고 조치를 해 놓고 시간이 없어서 가지고 간 돈 봉투를 건네주면서 생활에 보태쓰라고 하고 급히 돌아섰습니다. 그러니까 우리가 초대소에서 열람해서 연구하고 있던 자료는 모두 다 엉터리 자료였습니다. 이렇게라도 했기 때문에 모든 자료가 엉터리라는 것을 알게 되었고 마을 동정이라도 파악할 수 있게 된 것입니다.

그러자 김일성은 내 손을 부쩍 들며 "잘했소! 아주 잘했소! 이런 공작원이 몇 명만 더 있으면 얼마나 좋겠소."하고는 주위를 한 번 둘러보았다. 그러자 배석한 간부들 모두가 고개를 끄떡이며 감탄했다. 김일성은 다시 고개를 돌리고 내 손을 흔들며 "이런 동무가 바로 우리 연락부의 보배요. 앞으로 연락부에서는 이런 보배들을 잘 관리하시오. 그 메달을 이리 가져오시오. 내가 직접 달아주겠소.”

그러면서 내 가슴에 직접 금별메달(영웅 메달)을 달아주었다. 그러자 장내에서는 요란한 박수갈채가 울려 퍼졌다. 알고 보니 지금까지 김일성이 직접 '금별메달'을 달아준 예는 이번이 처음이라고 했다.

내가 이렇게 김일성을 만나고 나오자 온 초대소 주변에는 벌써 소문이 쫙 퍼져 모르는 사람이 없었다. 그때부터 나는 특별초대소에서 연락부 부부장대우를 받으며 공작을 하게 되었다. 그리고 연락부에서는 그때부터 다른 공작원들이 하기 어려워하는 어렵고 힘든 모든 공작을 나와 의논하고 처리해 나가곤 했다.

그 후 한 번은 이런 일도 있었다. 1968년 10월 초, 필자가 인천 송도 공작을 마치고 방금 복귀했는데 연락부 부부장이 난처한 표정으로 다가와 “아, 이거 공작을 방금 마치고 복귀하셨기 때문에 며칠 푹 쉬셔야 할 텐데, 이걸 어떻게 했으면 좋을지 모르겠습니다. 큰 고민거리가 생겼습니다.”

“왜요? 무슨 일이 있습니까?”

그 사연은 이러했다.

“임자도가 경찰 수사기관으로부터 기습을 당하고 통혁당 사고가 날 무렵에 통혁당 서울시위원장 김종태가 수사기관에서 들이닥치기 전에 중요 기밀문서를 빼돌려 우이동 유원지 제1 무인포스트에 매몰해 놓았다는 보고가 올라왔을 때 보고를 받고 수령님께서 빨리 발굴 해오라.’라고 하셨는데 그것을 어떻게 발굴해 오겠는가 하는 것이 문제입니다.”

"그런데 무엇이 문제라는 것입니까?"

"남조선에서 1967년도 말을 기해서 충전까지 해오던 도민증, 시민증 제도를 없애버리고 주민등록증 제도로 바꿔었는데 새로 발급된 주민등록증을 습득해온 것이 없기 때문에 기술과에서는 아직 새 주민등록증을 위조할 준비가 안 되어있는 상태입니다. 그러니까 주민등록증도 없이 불법으로 침투할 수도 없고 천상 비합법으로 침투해야 하겠는데, 비합법으로 침투하려면 어렵기도 하거니와 기일이 너무 많이 걸릴 것 같아서 그것이 고민입니다."

"아아, 그런 걸 가지고 그러십니까? 그런 걱정은 하지 않아도 됩니다. 나에게 맡기십쇼. 내가 갔다 오겠습니다."

"아니! 어떻게 갔다 오시겠다는 겁니까?"

"저 개성연락소에 가면 잠수로 한강에 드나드는 안내원들이 있습니다. 그 친구들하고 며칠 잠수 훈련하면서 손발을 맞추면 됩니다." "그럼 한강으로 잠수 침투해서 갔다 오시겠다는 말씀이십니까? 역시 우리 연락부의 보배시군요. 수령님께도 보고 올리겠습니다."

이렇게 해서 개성연락소에 내려가서 안내원들과 같이 훈련하면서 손발을 맞춘 다음 한강 하구에 밀물이 시작되는 날짜와 해가 서산으로 지기 시작되는 날짜를 맞추어 한강으로 잠수 침투하여 경기도 고양군 '이메포' 부근에 상륙한 다음, 안내원들은 거기서 대기하도록 하고 나 혼자 능곡으로 들어갔다.

능곡에 가보니 거기에는 서울 손님을 호객하는 택시 기사들이 우글거렸다. 그래서 그중에 제일 앞에 있는 택시를 잡아탔다.

"손님, 어디로 모실까요?"

"우이동 유원지로 갑시다."

"네 알았습니다" 하더니 웽하고 달리기 시작했다.

그렇게 달리다 보니 우이동까지 가는데 30분 정도 걸린 것 같았다. 그다음 유원지로 다가가 약도에 표시된 대로 제1 무인포스트를 찾아서 발굴한 결과 기밀문서가 한 보따리나 나왔다. 그래서 그 문서들을 가방에 집어넣은 다음, 제대로 뚜껑을 닫고 소식봉쇄를 하고, 다시 유원지 로터리로 나와 택시를 타고 능곡으로 갔다.

능곡으로 갔더니 거기에는 아직도 서울 손님을 호객하는 택시 기사들이 우글거렸다. 그래서 포장마차 옆으로 다가가 소주 한 병하고 붕어빵을 세 봉지 사서 접선장소로 갔다. 안내원들은 나를 푹 믿고 접선장소를 지키고 있었다.

원래 접선규칙대로 하자면 정해진 접선시간(12시)에 하부선에서 먼저 신호를 보내서 접선하게 되어있었다. 그런데 내가 예상외로 너무 빨리 10시에 도착했기 때문에 정해진 시간인 12시까지 마냥 기다리자니 지루하겠길래 접선규칙을 어기고 10시경에 먼저 접선신호를 보냈다. 그러자 상대편에서 응답 신호가 날아오고 이어서 암호가 교환됐다.

안내원들은 내가 김일성의 부름을 받아 집무실에 가서 김일성의 접견을 받고, 악수도 하고 또 김일성이 내 가슴에 영웅 메달을 달아주었다는 이야기를 벌써 듣고 나를 믿고 기다리고 있던 참이었다. 이렇게 해서 접선이 된 다음 잠수복을 입고 썰물이 되는 시간을 기다리는 동안 포장마차에서 사 들고 간 붕어빵을 안주 삼아

간단히 요기하면서 소주 한 잔씩을 하고 기다리고 있다가 썰물이 되기 시작하자 썰물을 타고 흘러 내려오기 시작했다. 그러다가 삼학산 기슭, 요 경계지대는 완전잠수로 통과하고 안전지대에서는 반잠수로 흐르는 물을 타고 다시 한강 하구로 해서 개성연락소 기지에 도착했다.

그러자 대기하고 있던 부두에서는 요란한 환호성이 울려 퍼졌다. 그리고 '우이동 유원지'에서 발굴해 온 기밀문서는 그 자리에서 평양으로 날아갔다. 그 후 기밀문서와 함께 보고를 받아본 김일성은 또 한 번 놀랬다고 들었다.

4. '영웅 공작원'이 김일성과 결별하고 의거 월남한 까닭은

1976년 3월 초, 거문도 출신 공작원 김창호와 조장 사이에 좋지 않은 문제가 발생하여 조장을 교체하는 바람에 거문도 공작을 내가 책임지게 되었다.

그래서 1976년 3월 상순, 거문도에 처음 내려오게 되었는데 그때에는 대한민국에서 1975년도 말을 기해서 주민등록증을 교체했기 때문에 김창호의 외삼촌, 김재민의 새 주민등록증을 빌려 갔다가 5월에 돌려주기로 약속하고 주민등록증을 빌려서 복귀했다.

그다음 5월에는 빌려 갔던 주민등록증을 돌려주기만 하면 되는 것이었다.

그런데 김창호는 5월에 내려왔을 때, 조장인 나하고 한 마디 의논도 없이 외사촌 동생인 영희를 대동 월북시키려고 무리하게 욕심을 부렸다. 그래서 내가 영희에게 한마디 했다.

"영희야! 너 잘 생각해봐라. 네가 오늘 밤에 사촌오빠를 따라서 평양에 갔다고 하자. 그런데 내일 아침에라도 너의 친구들이 찾아왔는데, 네가 갑자기 없어졌다고 하면 친구들이 이상하게 생각하지 않겠니? 그러니까 이왕에 한 번 갔다 오는 거 출타 구실을 잘 짜서 다음번에 안전하게 갔다 오는 게 좋지 않겠니? 너 다시 한번 잘 생각해봐라."

"사실 저도 그게 걱정됩니다. 아저씨가 말씀하신 대로 다음번에 출타 구실을 잘 짜서 안전하게 갔다 오는 게 더 좋겠습니다."

그래서 영화는 다음번에 데리고 가기로 하고 그냥 복귀했다. 그랬더니 김창호는 거기에 불만을 품고 복귀해서 다음과 같이 보고했다.

"영희는 그냥 데리고 올 수도 있었는데 공연히 조장 선생이 영희한테 겁을 먹게 했기 때문에 못 데리고 왔습니다."라고 하며 불평을 쏟아부었다.

이번 일을 계기로 조원 김창호가 지난번 조장하고도 문제가 발생했기 때문에 조장을 교체했다는 이유에 대해 대충 짐작할 수 있었다. 그리고 김창호의 보고를 그대로 받아들이는 지도원에게도 문제가 많다는 것을 간파할 수 있었다.

그래서 그다음, 9월에 침투할 때에는 조장인 나하고 사전에 의논도 없이 출발하기 하루 전에 공작원 하나를 더 붙인 것이다. 인민군군단 레슬링부 주장까지 했다는 이장수라는 이름을 가진 공작원이었다. 그러니까 조장인 나의 일거수일투족을 감시하기 위한 것이 틀림없었다. 나는 이번에는 재미없겠구나! 이렇게 생각하고 출발할 때부터 김일성과 결별하기로 결심했다.

　그래서 나는 평양에서 출발하기 전에 김일성으로부터 수여 받은 '금별메달(영웅칭호)'과 국기훈장 1급 3개를 비롯해 많은 훈장을 가슴속에 품고 진출 일정에 맞추어 평양을 떠났다. 이와 비슷한 환경에서 억울하게 숙청당하는 꼴을 너무도 많이 보아왔기 때문이다.

　내 주변에서 나를 질투하고 있는 연락부의 어떤 자가 언제 무슨 조작을 꾸밀지도 모르는 일이다. 조장인 나하고 사전에 의논도 없이 조원 하나를 더 붙인 것을 보면 무슨 문제가 있는 것이 틀림없다. 그런데 막상 거문도에 와 보니까 마침 영희가 서울에 가고 없었다. 참 다행이었다.

　그래서 나는 마침 잘 됐다고 생각하고 김창호의 외삼촌 김재민에게 서울에 가서 김철중(가명) 씨에게 전하라고 하면서 연락문건(서류봉투)을 내밀며 맡겼다. 이렇게 공작을 마치고 대상의 집에서 나와 상륙 장소로 돌아오던 도중에 고갯마루에 이르러 내가 한마디 했다.

　"우리 여기서 잠깐 쉬었다 갑시다." 그랬더니 조원들은 "왜 그러는가? 해서 소로길(오솔길) 한쪽 옆으로 비켜 앉았다. 조원들이

앉은 다음, 나는 만약의 경우를 생각해서 방아쇠에 손가락을 넣고 이야기를 계속했다.

지금 우리가 모선과 자신까지 합해서 그 많은 인원이 멀미를 해 가며 중국 양자강 하구를 거쳐 거문도까지 내려와서 주민등록증이나 하나 빌려 갔다가 또 그것을 갖다 주고 하는 것을 가지고 과연 공작이라고 할 수 있겠소? 그러니까 우리 이번에 거문도에 내려온 김에 여기에 떨어져서 장기공작으로 넘어갑시다."

그랬더니 배를 타고 올 때마다 멀미를 그렇게 심하게 하던 김창호는 외삼촌네 집도 거문도니까 그랬으면 하는 것 같은데 역시 다른 조원인 이장수는 움찔움찔하더니 갑자기 와락 덤벼들었다. 그 순간, 나는 방아쇠를 당기면 그만인데 본능적으로 발이 먼저 나갔다(격술이 5단이었기 때문이다. 이렇게 발차기로 먼저 제압을 한 다음에 방아쇠를 당겼다. 그런데 내가 가지고 있던 총이 '체코제 자동 권총'이었기 때문에 연발로 드르륵 하면서 조원 두 명이 다 맞고 쓰러졌다.

나는 하는 수 없이 모든 장비를 거두어 이장네 집으로 찾아가 사실 이야기를 했다. 그랬더니 이장이 즉시 면 지서에 전화를 걸어주어 배를 타고 서도리 건너편 고도로 건너갔다가 거기에서 여수경찰서로 도 경찰국을 거쳐 중앙에까지 보고가 올라갔다.

그날 아침 헬기 1대가 거문도로 내려와 헬기를 타고 서울로 올라와서 결국 1976년 9월 20일, 대한민국으로 의거 월남하게 된 것이다. 그리고 그때 평양에서 출발하기 전에 가슴속에 품고 온 '금별메달'(영웅칭호)과 많은 국기훈장들은 지금 대한민국의 정보기관에 보관되어 있다.

나는 각 정보기관과 접촉하면서 긴요한 정보를 모두 제공하고 나서 가족·친척·친지들을 만났다. 그 후 1976년 10월 30일, 내가 내·외신 기자들 앞에서 기자회견을 하는 날, 김일성은 집무실에서 실황중계 하는 것을 지켜보면서 울화통을 터뜨리며 고함을 쳤다.

"내가 직접 영웅칭호까지 준 놈한테 이렇게 배신을 당했으니 이제 누굴 믿고 공작을 하겠는가! 엉? 당장 공작을 때려치우고 몽땅 사상 검토하라."

그 바람에 로동당 연락부는 초상집처럼 되어 버렸고 전체 공작원들에 대한 작업에 들어갔는데, 사상 검토 작업이 2년이나 걸렸다. 그래서 1976년 11월부터 1978년 말까지 2년 동안, 대남공작이 중단되는 바람에 남쪽으로 침투해 들어오는 남파 간첩이 한 명도 없었던 것이다. 그만큼 로동당 연락부에도 커다란 타격을 안겨주었다.

그 후 서울고등학교 총동창회에서 환영대회를 하던 날 서울고등학교에서는 나에게 명예졸업장을 수여하면서 강연할 기회도 만들어주었다. 그리고 강연이 끝나자 당시 같은 반 친구들이 "용규야"하면서 나를 둘러싸고 부둥켜 안아주는 바람에 나는 그만 뜨거운 눈물을 쏟아 버리고 말았다.

이렇게 김일성에게 직접 '영웅칭호'를 수여받은 '영웅 공작원'이 김일성과 결별을 선언하고 대한민국으로 의거한 사례는 대한민국이 건국된 이래 대공 역사에서 볼 수 없었던 쾌거 중의 쾌거였고, 또 북한의 대남공작 역사에서도 오늘까지도 없었던 처음 발생한 아주 엄중한 중대 사건이었다.

솔직하게 말해서 내가 내 자랑을 하려는 것이 아니라 나 자신이 1967년부터 근 10년 동안 연락부 부부장 대우를 받으며 중요 공작에 거의 다 관여해 왔기 때문에 대남공작에 대해서는 누구보다도 잘 알고 있다고 자부한다. 한 가지 간단한 예로 필자가 대한민국으로 의거한 후에 정보기관 요원들과 자주 의견을 교환할 기회가 많이 있었다. 그런데 우연한 기회에 책상 위에 펼쳐진 북한 로동당 연락부 대남공작 기구를 보니까 엉터리도 그런 엉터리가 없었다.

하긴 그동안 남파되어 체포되거나 자수한 공작원들도 정보기관에 진술하는 내용이 다 거짓이 아니라 진실을 말하려 해도 내용을 모르니까 알고 있는 그대로 진술할 수밖에 없었을 것이다. 그래서 필자가 내려온 다음에 모두 뜯어고쳤다.

6·25전쟁 와중에 김일성은 '50만 의용군'과 남조선의 정계·학계·사회계 저명인사들을 1만여 명이나 납치해 갔다. 그 목적은 바로 북한에 부족한 인력난을 타개하는 한편 북한당국이기도 하고 있는 '남조선혁명'과 '조국통일' 투쟁에 유용하게 활용하려는 데 있었던 것이다. 바로 목적대로 휴전 이후 오늘까지 6·25 와중에 납북된 정계·학계·사회계 인사들과 50만 의용군들은 모두 대남공작원으로 선발되어 남조선혁명의 소모품으로 이용된 것이다.

그렇다면 성과는 과연 얼마나 거두었을까? 솔직하게 말해서 북한 당국이 해방 직후부터 대남공작에 쏟아부은 돈, 그 어마어마한 액수에 비한다면 오히려 0퍼센트로 평가될 수밖에 없는 것이다.

그러니까 북한의 대남공작은 완전히 실패에 실패를 거듭하고 있을 뿐이다.

전술한 바와 같이 필자는 1967년에 대남공작원으로 선발된 이후 1968년 3월, 1차 공작 당시부터 김일성이 깜짝 놀랄 정도로 공작을 수행했기 때문에 영웅칭호와 금별메달을 받으면서부터 필자는 부부장대우를 받아가며 연락부의 거의 모든 공작에 관여해왔기 때문에 대남공작에 관해서는 누구보다도 잘 알고 있다.

북한의 대남공작이 물론 초창기에는 많은 성공을 거두었다. 그러나 총체적으로 볼 때는 모든 조직이 마지막 단계에 가서 거의 파괴됐기 때문에 성공률은 0퍼센트로 밖에 평가할 수밖에 없는 것도 현실이다.

한 가지 예로 한때 1960년대를 전성기라고 떠들었던 통혁당 공작을 들 수 있다. 통혁당 공작은 1961년 임자도 출신 공작원 김수영의 '당야 대기 공작'으로부터 시작되었다.

6·25 당시 의용군으로 징집되었던 임자도 출신 공작원 김수영이 1961년 임자도에 침투했을 때 전남 신안군 임자면 면장으로 있던 외삼촌 최영도와 동생 김수상을 포섭해 '대동월북'시킨 공작으로부터 시작된 것이다.

그 당시 대동 월북했던 최영도는 현직 면장이었기 때문에 평양에 오래 체류할 수 없어서 며칠 만에 임자도로 복귀했지만 동생 김수상은 놀고 있는 실업자였기 때문에 평양에 오래 머물어도 상관없기에 공작원 양성기지인 695군부대에 입교시키 1년 동안 교육을 시켰다. 그리고 초대소에 밀봉되어 공작 구상을 할 때, 담당 지도원이 방향을 제시해 주었다.

"그동안 필요한 교육도 다 받았으니까 이제부터는 서울에 내려가서 김수상 선생이 중심이 되어 남조선 현지 지하당 조직을 구축하도록 해야 하겠습니다. 그러니까 평소에 가깝게 지내던 친구들을 하나하나 규합해 조직을 꾸려나가도록 해야 하겠습니다."

그러자 김수상은 평소에 갖고 있던 자기구상을 말했다.

"지도원 선생, 지하당 조직은 저보다도 저하고 형님 동생하고 지내는 대학 선배가 있는데 그 사람을 중심으로 조직하는 것이 좋을 것 같습니다."

"그 사람이 어떤 사람인데 그러십니까?"

"대학 시절에 학생운동을 한 경험도 있고, 대구폭동에도 가담한 이후에는 고등학교에서 교편을 잡고 있다가 지금은 대구에 있는 어느 잡지사에서 집필활동을 하고 있는데 천재적인 두뇌를 가지고 있고, 선·후배 간의 교우관계도 아주 넓고 좋으신 분입니다."

"그렇다면 좋습니다. 그럼 김종태라는 선배들 중심으로 지하조직을 꾸리도록 합시다. 그러자면 김종태가 한 번 평양에 왔으면 좋겠는데…"

"그럼 그렇게 하도록 하겠습니다. 김종태라는 선배님도 평양에 한 번 와봤으면 하고 목마르게 기다리고 있는 분입니다."

그래서 김수상은 김종태를 어떻게 접촉하고 어떻게 유도하여 대동 월북시키고 지하당을 조직할 것인가 하는 대체적인 안을 구상해 1964년 3월 임자도로 복귀했다. 이렇게 해서 임자도에 내려오자 외삼촌인 최영도가 한 마디 떠보았다.

"너! 뭘 하느라고 평양에 그렇게 오래 있었냐?"

"아! 외삼촌이야 현직 면장이니 평양에 오래 있을 수 없어서 그때 바로 복귀했지만 나는 놀고먹는 실업자니까 별로 할 것도 없고 해서 695군부대(간첩양성기지)에 들어가서 교육받느라고 오래 있었던 거지요."

"그래 무슨 특별한 임무를 받기라도 했냐?"

"외삼촌두 참. 나 같은 사람한테 무슨 특별임무를 주겠수. 능력도 없는 실업자한테…"

그러자 최영도는 대충 눈치를 채고 더 이상 묻지 않았다. 그다음 날 김수상은 김종태를 찾아서 대구로 갔다. 대구로 가서 우선 김종태의 근황을 파악해 보니까 예전과 다름없이 한 잡지사에 나가면서 집필활동을 하고 있었다. 그래서 하루는 김종태를 조용한 요정으로 불러 인사부터 하고 대화를 시작했다.

"형님! 그동안 별일 없으셨습니까? 자주 찾아뵙지 못해 죄송합니다.""그런데 넌 어디에 갔다가 갑자기 이제 나타난거냐? 그렇게 찾아도 안 보이더니 그동안 어디 갔었냐?"

"네, 시골에 좀 가 있다가 얼마 전에 올라와 여기저기 취직자리 좀 알아보느라고 왔다갔다 하느라고 정신없었습니다."

"그래 어디 취직은 잘 될 거 같으냐?"

"모르겠습니다. 잘 될지 안 될지…"

이쯤 대화를 해 나가다가 가슴에 품고 간 책 한 권을 내밀면서 "형님! 이거 한번 읽어 보시구려. 나도 읽어 보니까 참 잘 썼습니다."

그러자 책을 받아본 김종태는 책 뒷장부터 재끼면서 저자와 출판사 이름부터 알아낸 다음, 북한에서 발행한 책이라는 것을 대뜸 알아차리고 흥분되어 말했다.

"야! 너 이 책 어디서 났어? 어디서 났느냐 말이야? 왜 말이 없어. 응? 빨리 말해봐, 너 북하고 연계돼 있지? 바른대로 말하지 못하겠어? 왜 말을 못 하는 거야, 임마, 응? 너 만약에 북하고 연계돼 있으면 나를 빨리 그리로 안내해라."

"그러지요! 저는 진작에 형님이 그렇게 나오실 줄을 알고 있었습니다."

"와 – 하 하 하 – 와 – 하 하 하"

"와 – 하 하 하 – 와 – 하 하 하"

이렇게 되어 그 즉시 평양으로 전파가 날아가고 김종태는 불과 3일 만에 입자도에서 접선되어 북한으로 들어갔다.

그러자 연락부에서는 김종태가 김일성 수령님을 흠모하면서 월북할 수 있는 기회를 그렇게 목마르게 기다리고 있던 대상이라는 이야기를 듣고 김일성에게 보고하여 김일성의 접견을 받게 했다.

이렇게 뜻하지 않게 김일성의 품에 안기게 되자 김종태는 뜨거운 눈물을 흘리며 충성의 맹세를 다졌다. 그리고 난 다음, 로동당 3호청사당위원회는 김종태에게 통일혁명당 서울시위원회 창당 준비위원장으로 임명했다.

그러자 김종태는 너무도 황송하여 그 자리에서 "모든 영광은 선배 당원 동지들에게, 그리고 희생은 하신(下臣)에게!"이라는 글발을 혈서로 바치며 당과 수령님께 충성의 맹세를 다졌다.

그래서 그때부터 김일성의 특별지시에 따라 김종태는 특별대우를 받으며 특별초대소에서 공작 구상에 들어갔다.

로동당 연락부는 지금까지 대남공작을 해오면서 김종태와 같은 대상을 처음 보았기 때문에 김종태를 백방으로 지원해 주었다. 그리고 연락부 담당과장, 지도원들과 통일혁명당 조직과 관련한 구체적인 안을 만들어 복귀할 때 다시 김일성의 부름을 받고 그 품에 안긴 채 뜨거운 눈물을 흘리며 충성의 결의를 다지고 평양을 떠나 다시 임자도를 거쳐 대구로 돌아왔다.

그 후 자리를 서울로 옮기고 지난날 서울대 문리대학에서 비밀서클 활동을 하던 김질락(자기의 조카)과 이문규(4·19주도조직 '신진회'의 핵심맴버) 등 학생운동 출신 후배들을 규합하여 1964년 3월 15일에 '통일혁명당'을 결성하고 본격적인 활동에 들어갔다.

김종태는 남로당을 부활시키는 활동을 활발하게 펼치면서 통혁당 기관지로 「청맥」이라는 잡지까지 발간하면서 조직을 급속도로 확대해 나갔다. 그 후 김질락과 신영복을 중심으로 '민족해방애국전선' 그리고 이문규와 이해학 주도의 '조국해방전선'을 각각 조직하고 그 밑으로 '학사주점'을 비롯한 각종 서클들을 만들어나갔다.

이렇게 김종태는 높은 혁명적 열의를 가지고 '통일혁명당'을 창당하고 하부조직을 급속도로 조직했다.

그러다가 1968년 8월, 창당한 지 4년 만에 남한 수사당국에 의해 일망타진되고 말았다.

1961년도에 임자도 출신 재북 공작원 김수영이 임자도 '당야 공작'으로부터 시작하여 최영도(외삼촌)와 동생 김수상을 포섭하고 대동월북과 동시에 필요한 교육까지 시킨 다음, 김종태까지 대동월북 시키는 등 최초 공작에서 수십 차례 성공을 거두었던 것은 사실이다.

그러나 모든 공작원, 조직원들이 특수공작을 수행할 수 있는 자질을 갖추지 못했기 때문에 이미 오래전부터 정체가 노출되게 되었고, 드디어 1968년 8월에 일망타진 됨으로써 초창기에 몇 차례에 걸쳐 거두었던 공작성과마저도 모두 실패함으로써 결국은 0퍼센트로 떨어지고 만 것이다.

현재 활동하고 있는 재북 공작원들 역시 마찬가지이다. 로동당 연락부에서 활동하고 있는 공작원들 자체가 특수공작에 상응한 천성적인 기질을 제대로 갖추지 못하고 있다.

이와 같이 필자는 김일성의 부름을 받고 직접 집무실에서 접견하면서 김일성으로부터 영웅 칭호까지 받고 그때부터 연락부 부부장 대우를 받으며 모든 공작에 관여해 왔기 때문에 로동당연락부의 모든 공작 실태에 대해서는 누구보다도 잘 알고 있다. 주지의 사실과 같이 북한이 기도하고 있는 이른바 '전 조선혁명'은 결코 실현될 수 없으며 그것은 절대 불가능하다.

아직까지는 북한에서 뿌려주는 공작금을 받으며 각종 야당을 비롯해 언론·출판·교육·문화·예술 등 각 분야에 스며들어 활동하고 있는 종북 추종자들과 각종 재야단체에 부분적으로 남아있는 자들도 스스로 깨끗이 정리될 날이 머지않았다는 것을 알아 두어야 한다.

현재까지 '반파쇼 민주화투쟁'을 전개해오던 재야의 반정부 세력 단체들도 그렇고 북한으로부터 공작금을 받으며 활동하고 있는 일부 종북 추종자들도 북한의 대남공작이 성공할 수 없다는 것을 모르는 자들은 없을 것이다. 그런데 왜 그러한 반체제 좌파들이 아직까지 북한을 동조하면서 반파쇼 민주화투쟁'을 계속하고 있는 것일까?

재야세력들은 그들 나름대로 기회를 노리며 정치적 입지를 공고히 다져 보려고 그럴 것이고, 또 종북 좌파세력들은 북한의 지령에 따라 새 조직을 결성하느라고 마지막 발악을 하고 있는 것이다.

문제는 대한민국의 장래에 대해 누구보다도 깊은 관심을 가지고 염려하고 있는 우리 국민들의 단합된 힘이다. 국회의원을 선출하는 총선이나 대통령을 뽑는 대선 때 모든 국민이 그동안 우리 사회를 어지럽혀온 좌파단체 후보들의 달콤한 선전에 현혹되지 말고 찬성표를 찍어 주지 않으면 된다.

2부

대북역공작

그동안 일부 국민은 남파간첩 사건만 들어왔기 때문에 대한민국의 수사기관에서는 뭘 하고 있는건가? 이렇게 걱정하고 있는 사람도 있는 것 같다. 그러나 나라의 안보에 대해서는 그렇게 걱정하지 않아도 될 것이다. 대한민국의 수사기관에서는 그렇게 걱정할 정도로 가만히 앉아서 구경만 하는 것은 아니다.

그동안 북한에서 남파된 공작원들 가운데에는 체포된 사람도 많았지만, 그보다도 자수한 공작원들이 더 많았다. 자수한 공작원들의 진술 내용을 검토해 보면 그중에는 비슷한 내용도 많지만, 또 그대로 묻어두기에는 너무도 아까울 정도로 가치 있는 자료도 많았던 것이 사실이다. 그렇다고 해서 그들의 암호를 가지고 모두 역공작을 펼칠 것 같으면 로동당 연락부가 오히려 이상하게 생각하고 우리가 역공작하는 대로 끌려오지 않는다. 따라서 거기에 의심을 품고 다른 수작을 부릴 수도 있다.

그래서 남쪽 정보기관에서는 체포한 사실에 대해서도 일부만 발표하고 나머지는 신문에도 일절 보도하지 않고 있다. 그리고 자수한 공작원들에 대해서도 모두 발표하지 않고 일부만 발표하고 있다. 그런 것도 다 비밀에 부치고 일절 발표하지 않을 것 같으면 오히려 로동당 연락부가 의심을 품고 딴 수작을 부릴 수도 있다.

그래서 극히 역공작할 가치가 있는 자료 중에서도 일부만 가지고 역공작을 펼쳐온 것이다. 그것을 다 이야기하자면 책으로 수십 권을 엮어도 소개할 수 없다. 그래서 그중에 대표적인 몇 가지 사례만 예시해 보기로 한다.

1. 대남공작원들의 자수행렬

6·25전쟁 1차 후퇴 시기에 정계인사들과 함께 강제로 납북된 학계·사회계 저명인사들은 남한에서는 저명인사이지만 북한사회에서는 출신성분과 사회성분이 다 불량한 사람들이다. 그러나 그들은 지식이 풍부하고 남다른 재능을 가지고 있는 고급 인재들이기 때문에 북한에서는 이용가치가 누구보다도 많은 사람들이다. 그래서 북한당국에서는 그들을 납북시키자마자 북한의 중앙 행정, 정권기관과 중요 기관, 단체 또는 공장기업소에까지 배치하여 아주 유용하게 이용해 왔다.

그랬기 때문에 북한은 정치·경제·과학·교육·문화 등 모든 분야에 걸쳐 많은 발전을 이룰 수 있게 되었다. 그러나 그 후 새로 교육을 받고 자라난 새 인텔리 대군이 형성된 다음, 점차 세대교체가 이루어지면서 납북된 교수·박사들과 사회계 저명인사들은 그나마 유지하던 중앙행정기관과 도·시·군급 중요 요직에 있던 자리마저 다 빼앗겨버리고 아무짝에도 쓸모없는 물건처럼 돼 버렸다.

그리고 함께 끌려간 학계인사들도 마찬가지이다. 학계인사들은 모두 대학교수, 중·고등학교 교직에 배치되어 있었지만 그들도 역시 세대교체가 되는 바람에 그나마 유지하고 있던 교직에서 모두 밀려나고 말았다.

그리고 이제는 나이도 60이 다 되어 정년퇴직까지 하게 될 형편이고 보니 결국은 대남공작에 필요한 소모품으로밖에 쓸모가 없게 되었다. 그렇게 되자 북한 당국자들은 이렇게 밀려난 학계 · 사회계 저명인사들을 차례차례 선발해 공작원 양성기관인 중앙당 정치학교(일명 695군부에 입교시켜 공작원으로 양성한 다음, 대남공작에 소모품으로 내몰았다.

그런데 적구공작을 할 수 있을 정도의 그런 천성적인 기질을 겸비하고 있는 공작원은 100명 중에서 2~3명 고르기가 어렵다는 것이 그동안의 국제 첩보기관들의 공통적인 통계이다.

그렇다면 남한출신 학계·사회계 저명인사들 가운데 그런 기질을 겸비한 사람이 과연 있었을까? 있었다면 몇 명이나 있었겠는가? 아마 한 사람도 없었을 것이다. 그리고 납북 인사들 모두가 공산당의 노예로 묵묵히 이용당하고 있었을 뿐이지 누구 하나도 북한 사회가 좋은 사회라고 보람을 느껴본 사람은 한 사람도 없었을 것이다.

그래서 지난 1950년대 말과 1960년대 초에 남파된 공작원들은 주로 1차 후퇴시기에 납북된 학계와 사회계 저명인사들로서 공작활동은 고사하고 거의 모두가 자수하고 말았다고 한다. 그런데 자수하는 길을 찾는 공작원들은 학계나 사회계 저명인사들 뿐만 아니라 의용군 출신 공작원들도 역시 마찬가지이다.

의용군출신들은 6·25 당시 강제 징집되어 제대로 훈련도 받지 못한 채 낙동강 경계선까지 내려갔다가 금방 통일이 될 것 같아서 불만을 참고 있었는데 낙동강 전선에 내려간 지 1개월도 못 되어 9월에는 UN군의 '인천상륙작전'으로 말미암아 또다시 후퇴명령을 받고 뿔뿔이 흩어진 채, 태백산줄기를 타고 압록강까지 후퇴해 돌아갔었다.

1950년 10월 25일, 이번에는 또 100만 중공군이 개입되면서 또다시 남진하게 되어 수원·원주 경계선까지 내려왔다가 대한민국 국군의 재진격에 또 밀려 38선 부근에 방어선이 고착되게 되자 그 방어선에서 1958년 제대할 때까지 근무하면서 김일성에게 젊은 인생을 송두리째 다 빼앗긴 사람들이다.

그런데다가 제대한 다음에는 각 공장이나 협동농장에 배치되어 일하면서 한 직장에서 같이 근무하던 북한 여자와 결혼까지 하고 나서 이제 막 안정된 생활을 시작하려는데, 또 대남공작원으로 선발되어 남파되게 되었다. 그러니 못하겠다고 할 수도 없고 또 결혼해서 만나게 된 북한의 아내와도 헤어지게 되었으니, 어떻게 하면 좋단 말인가?

하지만 어떻게 보면 차라리 그것이 더 잘된 일인지도 모른다. 젊은 인생을 송두리째 빼앗겨가며 김일성에게 이용만 당했으니 차라리 남파된 다음에는 북한 당국에 당당하게 항거해 나설 수 있는 것이다. 그래서 의용군 출신 공작원들은 695군부대에서 교육 훈련을 받은 다음에는 초대소에 밀봉되면 제발 빨리 공작선을 타기만 손꼽아 기다리고 있는데 워낙 대상들이 많다 보니 언제 차례가 돌아올지 알 수도 없는 노릇이다.

그러나 때가 되면 차례가 오기 마련이듯 하루 이틀 지나면서 차례차례로 공작선을 타게된 것이다. 그런데 공작선을 타고 내려오면서도 마음은 제각기 초조해지기만 했다. 빨리 내려야 하는데, 침투하면 어디부터 갈까 집으로 먼저 갈까, 정보기관으로 먼저 가야 될까? 이렇게 복잡한 과정을 거쳐 대부분의 공작원들은 정보기관으로 먼저 찾아오는 공작원이 더 많았다.

그런데 그들은 모두 찾아와서 자수를 하는데 듣고 보면 거의 모두 비슷하고 똑같은 내용들이 많다. 695군부대에서 교육받을 때 교육 내용이 모두 김일성 주체사상을 비롯해 '충성심'을 강요하는 내용으로 일관된 것이었으니 그것을 액면 그대로 받아들인 의용군들이 과연 및 명이나 있었을까? 냉정하게 따져보면 단 한 명도 없었을 것이다.

자수한 사회계 저명인사들과 의용군출신들 가운데에는 남쪽 수사기관에서 역공작할 가치가 있는 자료도 적지 않았다. 그렇다고 가치있는 자료들을 가지고 모두 역공작을 할 수도 없고 하기도 힘들지만 많은 자료를 가지고 모두 역공작을 할 것 같으면 로동당 연락부가 오히려 속지 않는다. 그러기 때문에 역공작을 제대로 하려면 아깝긴 하지만 접어둘 것은 접어두고 절실히 필요한 몇 개만 가지고 해야 한다. 그래야 로동당 연락부를 완전히 속이고 우리의 의도대로 역공작 성과를 거둘 수 있는 것이다.

또 한 가지 중요한 것은 체포된 대상들은 대상들대로 자수한 공작원들은 공작원대로 모두 신문에 보도하지 말고 일부만 보도해야 한다. 그래야 로동당 연락부가 갈피를 잡지 못하고 있다가 결국은 우리의 역공작에 말려들 수밖에 없는 것이다.

남쪽 공작팀에서는 가치있는 자료가 많으니까 얼마든지 여유있게 각본을 짜 침착하게 역공작을 하면 된다.

그런데 이렇게 역공작을 할 때에도 몇 가지 주의할 점이 있다는 것을 잊어서는 안 된다. 예를 들어서 역공작할 가치가 있는 자료를 갖고 역공작을 하게 되면 이럴 경우에 로동당 연락부 공작반에서는 반드시 검열을 한다는 것을 잊어서는 안 된다. 결국 검열에 걸리게 되면 역공작은 실패할 수밖에 없다. 다시 말하면 대북공작도 결국은 로동당 연락부 공작반과 남쪽 공작팀 간의 머리싸움이다. 여기에서 이기면 역공작은 승리하는 것이고, 지게 되면 실패할 수밖에 없는 것이다.

2. '봉화산 1호사건'

1978년 8월 초, 추자도의 으슥한 해변가. 한창 내려쬐던 무더위도 한풀 꺾이고 제법 산들 바람이 불어오는 초가을 밤 12시.

젊은 남녀가 한창 사랑을 속삭이고 있는데 갑자기 해변가 저쪽에서 엔진소리가 들려오다 멎더니 시커먼 사람 한 명이 배에서 내려 총총걸음으로 마을을 향해 들어오고, 배는 즉시 떠나버렸다.

"누군가? 어디서 오는 사람인데 이 한밤중에 배에서 내려 어디로 가고 있는 것일까?"하고 찬찬히 살펴보았더니 알 만한 사람이었다.

"오빠 오빠! 저기 가는 저 사람 성찬이 아버지 아니야?"

"응! 그래 나도 그렇게 보았어."

"그런데 이 시간에 어딜 갔다 오는 거지. 이 시각에 물에서 나오는 배는 없을텐데, 어딘가 좀 이상하지 않아?"

"그래, 나도 그렇게 생각돼. 그리고 저 양반 오랫동안 보이지 않았어. 그러고 보니까 이상한 점이 한두 가지가 아닌데, 이 시간에는 물에서 나오는 배도 없을 텐데 말이야."

"그러지 말고 빨리 우리 집에 가서 어른들한테 얘기해 보자구."

"어른들은 지금쯤 주무실거 아니야?"

"어쨌든 가보자구."

이렇게 해서 둘이서 함께 집에 들어갔다. 들어가자마자 어머니와 눈이 마주쳤다.

"너 일찍 자지 않고 어딜 그렇게 싸돌아다니고 있는거니?"

"안녕하셨습니까?"

그 소리를 듣자 장인이 될 어른은 얼른 거들었다.

"응, 자네도 왔구만. 어서 이리 올라와 앉으라구."

"엄마, 엄마 우리 오늘 이상한 거 봤어."

"뭘 봤길래 이상하다고 그러는 거니?"

"우리가 바닷가에서 이야기하고 있는데 성찬이 아버지가 있지?

조그마한 배에서 내려 뭘 한 보따리 들고 총총걸음으로 자기 집 쪽으로 들어가는 거 봤어. 이 시간에는 물에서 나오는 배도 없을 텐데 말이야."

그 소리를 듣자 아버지가 한마디 끼어들었다.

"그 사람 성찬이 아버지가 틀림없더냐?"

"네, 저도 보았는데 틀림없습니다. 이상한 데가 한 두 가지가 아닙니다."

"그럼 틀림없군 그래. 그 성찬이 아버지란 사람이 이 섬에서 안 보이는지가 벌써 한 달이 넘었어. 그리고 6·25때 의용군에 나갔다는 그 사람 형을 보았다는 사람도 있고?"

"그래요. 그런데 이 시간에 자그마한 배에서 내렸다는 게 정말 이상하지 않아요. 그럼 내일 당장 지서에 가서 신고하자구요."

그러자 아버지는 사위될 젊은이에게 다시 한 번 물었다.

"자네도 틀림없이 그렇게 보았다지. 그런데 배는 어떻게 생겼나?"

"배가 얼마나 납작한지 잘 보이지도 않았습니다."

"그럼 우리 내일 가서 신고하자구. 나도 몇 달 전부터 이상하게 봐왔어. 자 오늘은 그만하고 자자구. 자네도 건넛방에서 자고 가. 시간도 늦었는데."

"괜찮습니다."

"어렵게 생각하지 말고 그렇게 하라구."

"네, 그럼 그렇게 하겠습니다."

그다음 날 아침 일찍 세 사람은 면 지서로 찾아가서 구체적으로 신고했다. 그러자 지서장은 너무도 고마워 음료수를 한 잔씩 대접하면서, "아이고 어르신도 참 큰일 하셨습니다. 정말 고맙습니다. 앞으로 우리가 잘 살피겠습니다."

그때부터 먼 지서에서는 대상의 일거수일투족에 대해 면밀히 관찰하기 시작했다. 한 10일쯤 경과하면서 용의자의 혐의점이 하나하나씩 드러나기 시작했다. 그 후 그를 밤중에 아무도 모르게 지서에 데려다 심문하기 시작했다.

"여보시오. 재덕 씨, 당신 우리가 여기에 왜 데리고 왔는지 아시오? 바른대로 솔직하게 말한다면 정부에서도 관대하게 처분하도록 할 것이고 바른대로 말하지 않는다면 어떻게 되는지 알지요?"

"네 알겠습니다."

"그럼 이제부터 우리 신사적으로 이야기합시다. 당신 한 달 전부터 어디에 갔다가 요 며칠 전 자정에 바닷가에서 조그마한 배에서 내려 양손에 뭘 들고 집으로 급히 들어가는 것도 보았는데, 그동안 어디에 갔다 왔소? 그리고 6·25 당시에 의용군에 나갔던 형도 왔었구."

"네, 벌써 다 알고 계시군요. 그럼 바른대로 다 말씀 드리겠습니다. 사실 한 달 전에 의용군에 나갔던 형이 집으로 찾아 왔었습니다. 그래서 깜짝 놀라 어떻게 된 일이냐고 물었지요. 그랬더니 자기는 평양에서 김일성 장군님을 모시고 잘 있는데 이제 얼마 안 있으면 통일이 될 텐데 너도 무슨 일을 해야 하지 않겠냐? 그래서 내가 왔으니까 빨리 같이 가자 그러더군요."

"그래서 뭐라고 그랬습니까?"

"그런데 어딜 가자고 그러시우. 이 늦은 밤중에?"

"더 자세한 이야긴 가서 이야기하고 시간이 없으니까 빨리 일어나라. 그래야 통일된 다음에 너에게도 좋은 자리 하나 줄 거 아니냐? 그래서 억지로 끌려가다시피 했습니다. 바닷가에 나가니까 조그만 배가 한 척이 있었는데, 어서 타라고 해서 그 배를 탔습니다. 그리고 한참 가다가 큰 배로 다시 옮겨 타 남포로 해서 평양으로 들어갔다가 요 며칠전인 8월 4일에 왔습니다."

"좋아요. 그렇게 솔직하게 이야기하면 정부에서도 관대하게 용서할 겁니다. 그 후 평양에서 누구를 만나고 무슨 과업을 받았는지 자세히 말해 보시오."

"아주 저를 귀한 손님처럼 대접하면서 '앞으로 얼마 안 있으면 통일이 될 테니까 재덕 동지도 좋은 일을 해야 되지 않겠습니까? 하면서 지도원이라는 사람이 저한테 며칠 동안 교육을 시키더군요. 그 사이사이에 높은 간부들도 몇 명 만났고요. 또 만경대하고 금강산 구경도 시켜주고요. 그리고 집으로 돌아간 다음에는 남조선 정부에 불만을 품고 있는 주위의 친근한 친구들을 모아서 조직을 만들라고 그랬습니다."

"그래요. 그렇게 솔직하게 다 이야기할 것 같으면 우리는 재덕 씨를 체포했다는 것을 신문에도 내지 않고 비밀에 부치고 모르는 척 할 테니까 그리 아시고 안심하십시오. 우리가 신문에도 내고 요란하게 떠들면 평양에 있는 당신 형님도 잘못될 겁니다. 아시겠어요. 그리 고 재덕 씨의 암호가 뭐요?"

"제 암호는 '봉화산 1호' 입니다."

"그럼 오늘은 시간도 늦었으니까 그만 가 보시오."

"네, 알겠습니다. 참 고맙습니다. 그럼 감옥에도 안 들어가는 겁니까?"

"물론이요. 모든 것은 앞으로도 재덕 씨가 어떻게 하는가 하는데 달린 겁니다. 알겠지요."

"네, 참 고맙습니다. 그럼 다음에 형님이 또 오면 어떻게 합니까?"

"주위에 친한 친구들 세 명을 포섭했다고 하고 더 접촉하고 있는 중이라고 적당히 꾸며대시오. 형님도 모르게. 그리고 지서에 왔었다는 이야기도 절대 하지 말고."

"네 네, 고맙습니다. 고맙습니다."

"그럼 가 보시오. 지서에 다녀갔었다는 사실은 주위 사람들도 아무도 모르게 해야 합니다. 그래서 우리가 일부러 밤에 데리고 온거니까요. 알겠어요."

"네, 알겠습니다. 정말 고맙습니다. 그럼 가 보겠습니다."

이렇게 아무도 모르게 몇 개월 동안 감시하고 있다가 재덕 씨가 자기 집으로 돌아온 다음에 한 3개월쯤 지나서 평양에 전파를 날렸다.

'무사히 도착하고 주위의 친구들을 3명을 포섭하였으나 공작금이 동결되어 더 접촉하지 못하고 있슴. 공작금 급송 바람, 봉화산 1호'

그러자 그로부터 3일 후 하향 지시가 내려왔다.

'보고 받았슴. 공작성과를 축하함. 공작금은 11월 10일 제1 무

인포스트에서 발굴해 갈 것, 전투를 바람'

그래서 공작팀에서는 재덕 씨에게 11월 10일 제1 무인포스트에서 공작금을 발굴하라고 일러준 다음 11월 5일부터 무인포스트 주변을 완전히 포위하고 주위 동정을 살피고 있었다.

그랬더니 예상했던 대로 정확하게 11월 7일에 안내원 2명이 무인포스트에 접근하여 포스트 주변을 샅샅이 훑어보고 나서 무인포스트에 공작금을 매몰하고 그 주위에 잠복하고 있었다.

그리고 하루 이틀 지나서 '재덕'씨가 정해진 날짜에 무인포스트에 다가가서 공작금을 발굴해 자리를 떴다. 이렇게 대상이 공작금을 발굴해 가는 것까지 확인한 다음, 안내원들은 은밀히 철수해갔다.

그러니까 1차 검열에서는 일단 통과된 셈이다. 이렇게 일단 첫 검열에서 통과된 다음, 한 달에 한 번씩 보고하고 지시받고 하던 중에 다음과 같은 지시가 내려왔다.

'보고 받았슴. 공작성과를 축하함. 지금까지 포섭된 친구 중에서 가장 신임할 수 있는 친구 1명을 대동 월북하도록 준비시켜 1979년 7월 7일 밤 12시, 제1 접선장소에서 접선하도록 할 것. 건투를 바람'

이것은 공작금을 발굴해 가라는 지시에 따라 공작금을 발굴해 가는 것을 보았고, 1차 검열에서 합격하였기 때문에 공작을 빨리 1건 추진하려고 시도했다. 그래서 추자도 공작팀에서는 보통 때와 마찬가지로 태연하게 전파를 날렸다.

'지시 받았슴. 지시 내용 그대로 준비시켜서 접선하도록 하겠

습. 봉화산 1호'

이렇게 보고한 다음 남쪽 공작팀에서는 7월 2일부터 공작 자선이 대기하고 있는 상륙 장소와 접선장소를 완전히 포위하고 기다리고 있었다. 예상했던 대로 접선날짜 3일 전인 7월 4일 안내원 2명이 배에서 내려 접선장소로 접근하더니 주변에서 동정을 살피면서 잠복하고 있었다. 이렇게 지루한 시간이 흘러 7월 7일 밤 12시, 접선규칙에 따라 하부선에서 먼저 "딱딱" 손뼉치기 2번으로 신호를 보냈다. 잠시 후 상대편에서 회담 신호를 보내려 하는 순간에 집중사격 명령이 떨어졌다.

눈 깜짝할 사이에 공작선 1척을 나포하고 선원 안내원들을 사살하는 전과를 올렸다. 그리고 나서도 일체 보도도 하지 않고 모르는체하고 있었다. 그러자 그다음 날 하향 지시가 내려왔다.

'접선을 축하함. 다음 지시가 있을 때까지 기다리고 있을 것. 건투를 바람'

결국, 연락부 공작팀은 자선과 안내원과도 연락이 끊긴 상태에서 그만 포기한 것 같았다.

3. 남해군 미조리 앞바다 '스님사건'

1979년 12월 초, 남해군 미조리로 침투한 전 아무개라는 공작원은 절간에 있는 '스님'으로 위장하고 다음 날 아침 날이 밝아올 무렵에 산에서 내려와 버스를 타고 광주를 거쳐 서울로 들어갔다. 그런데 그는 이미 미조리에서부터 경찰의 미행을 당하고 있었다. 새벽에 중이 산에서 내려오는 것을 본 미조리 주민들이 수상하게 생각하고 경찰에 신고해 경찰관 2명이 서울까지 미행해 경찰청에 넘긴 것이다.

정보를 넘겨받은 경찰청 대공반에서는 문제의 대상 인물인 중을 놓칠세라 그의 동정을 자세히 살피고 있었는데, 이상하게도 서울역 건너편에 있는 한 여관에 들어가더니 며칠씩 꼼짝도 하지 않고 있는 것이다. 시경 공작반에서는 며칠 동안 그를 감시하고 있다가 기일이 너무 오래가기 때문에 여관으로 들어가 그를 체포해 공작반에 데리고 와 심문하기 시작했다.

"그러지 않아도 미리부터 자수하려고 마음먹고 있었다"라고 하면서 평양에서 1976년에 공작원으로 소환돼 695군부대(중앙당 정치학교 간첩양성소에 들어가 2년 동안 교육 훈련을 받고, 마람 초대소에 밀봉되었다가 서울에 침투해서 동생을 어떻게 포섭해서 대동 월북시킬 것인가? 하는 것을 세밀히 구상해 결국은 합격하여 공작선을 먼저 차지할 수 있었는데, "서울에 침투하면 대상을 만나기 전에 먼저 정보기관에 찾아가서 자수하려고 마음먹고 있었습니다."라고 하면서 자백하기 시작했다.

"그런데 여관에 들어가서 왜 그렇게 오랫동안 있었습니까?"

"솔직히 말해서 동생을 먼저 만나볼 것인가? 그 전에 수사기관으로 먼저 찾아갈 것인가에 대해 며칠 동안 고민을 하느라고 그렇게 오래 있었습니다."

"그렇다면 좋습니다. 이제부터 우리 신사적으로 이야기합시다. 그럼 우리는 전 선생에 대하여 체포하였다는 사실을 일절 보도하지도 않고 계속 활동하고 있는 것처럼 옆에서 보고만 있을 테니까 전 선생의 암호가 무엇인지 그것부터 대 보시오."

"네, 제 암호는 '남해선 808호'입니다."

"좋습니다. 그럼 전 선생님은 계속 활동하고 계시는 겁니다."

"네, 알겠습니다."

"그리고 동생분은 우리가 이리로 데리고 오겠으니까 여기서 만나 보도록 하십시오."

"네, 그게 좋겠습니다."

결국, 이렇게 전향시켜 그가 체포되지 않고 계속 활동하고 있는 것처럼 12월 15일 자정에 그의 암호명으로 평양에 전파를 날렸다.

'목적지에 무사히 도착, 계획했던 대로 대상 공작에 착수하고 있음. 남해선 808호'

그러자 그로부터 3일 후 평양으로부터 하향 지시가 내려왔다.

'보고 받았슴. 무사 도착을 축하함. 대상의 직업상대와 대동원 가능성 유무에 대해 구체적으로 작성하여 12월 20일까지 제1 무

인포스트에 매몰할 것. 건투를 바람’

이 지시는 공작원이 보고한 대로 무사히 안착하여 계획대로 공작을 착수하고 있는가, 아닌가? 하는 것을 검열해보기 위한 수단이었다. 그래서 남쪽 수사팀은 그보다도 더 이를 먼저 제1 무인포스트 주변을 완전히 포위하고 잠복한 상태에서 대기하고 있었다.

그런데 간첩을 잡는 것도 중요하지만 우리 측 수사요원들은 부스럭 소리도 내지 못하고 추위를 견뎌내야 하는 것이 더 죽을 맛이었다. 이렇게 두 손을 호호 불며 그 자리를 지키고 있는데 아니나 다를까? 안내원 2명이 3일 전에 무인포스트 주변으로 은밀히 접근하더니 주위 동정을 살피고 있다가 주변에 잠복하기 시작했다. 이제부터는 북에서 내려온 안내원들의 일거수일투족을 관찰해야 한다.

다른 한쪽으로는 평양에서 지시한 날짜에 맞추어 공작원 혼자서 12월 20일 모든 것을 준비해 무인포스트에 접근하여 보고서를 매몰해 놓고 은밀히 철수하도록 했다.

그로부터 약 2시간이 지나서 안내원들이 무인포스트를 발굴해 그 자리를 이탈하여 대기하고 있는 공작선 자선으로 갔다. 잠시 후 ‘부르롱’ 하고 발동이 걸리더니 공작선 자선이 자리를 떴다.

물론 공작 자선 1척과 안내원 2명만이라도 잡으면 남쪽 공작팀에서는 그것으로 만족을 느낄 수 있는 성과인 것만은 틀림이 없다. 그러나 다음에 더 큰 작전을 위하여 그렇게 한 것이니까 더 바랄 것도 없는 것이다.

이렇게 1차 검열에서 통과되고 난 다음에도 한 달에 한 번씩 보고하고 지시를 받고 또 보고하고 지시받고 하는 식으로 계속 역공작을 하다가 1년이 지나서 이렇게 보고했다.

'대상 1명 방학 기간을 이용해서 한 달가량 대동 월북할 수 있슴. 다음 지시 바람. 남해선 808호.'

그러자 그로부터 3일 후에 어김없이 하향 지시가 내려왔다.

'보고 받았슴. 공작성과를 축하함. 12월 1일 밤 12시 제1 접선장소에서 접선할 것.'

이런 지시가 내려왔다. 이럴 때도 연락부에서는 이미 검열은 했지만, 어김없이 보통 3일 전에 접선장소 부근에 와서 잠복하고 접선장소 주변 동정을 살피면서 그 부근에 누가 나타나는가? 하는 등 남쪽의 공대를 살핀다. 때문에 시경 대공반에서는 11월 25일 전부터 접선장소와 상륙 장소를 완전히 포위하고 주변 여러 곳에 잠복하고 있었다.

아니나 다를까, 접선날짜 12월 1일, 3일 전에 접선상대가 나타나 주변 여러 곳을 두리번거리다가 접선장소 주변에서 잠복하기 시작했다. 로동당 연락부 공작반의 전술이 그만큼 교활하고 치밀하다.

그러나 시경 공작반에서는 연락부의 전술을 익히 알고 있었기 때문에 추운 날씨에도 불구하고 주변을 완전히 포위하고 있다가 결국 1980년 12월 1일, 스님 공작원과 대동 월북할 대상인 두 명을 접선장소에 나타나게 하여 접선규칙대로 하부선에서 먼저 약속된 시간에 "딱 딱" 손뼉 2번 치기로 접선신호를 보냈다. 그다음, 상대편에서 회답 신호를 보내려는 순간에 일제히 사격 명령이 내려지고 접선장소에 있는 안내원 2명과 해안가에서 대기하고 있는 선원 3명까지 모두 사살하고 공작 자선 1척을 나포하게 되었다.

이것이 바로 1978년 12월, 남해군 미조리 앞바다에서 있었던 '스님사건'이다.

4. 목포 유달산 '무지개사건'

1979년 6월, 전남 목포 부두로 침투하여 침투하자마자 수사기관에 찾아가 자수한 조원식(가명)이라는 공작원이 있었다. 의용군 출신으로서 이미 6·25전쟁 1차 진격 당시 의용군에 강제 징집될 때부터 북한의 김일성 독재체제에 불만을 품고 있던 대표적인 인물이었던 그는 6·25전쟁이 일어나 2개월도 못되어 낙동강까지 밀고 내려가는 바람에 금방 통일이 되는 줄 알고 묵묵히 시키는 대로 따라다녔다.

그런데 낙동강에 내려와 1개월도 지탱하지 못하고 UN군의 반격에 밀려 김일성의 후퇴명령이 떨어지는 바람에 뿔뿔이 흩어져 다시 압록강까지 후퇴했다가 1950년 10월 25일, 중공군이 개입되는 바람에 또다시 남진하게 되어 수원…원주 경계선까지 내려왔다가 38선 부근 원위치에 방어선이 고착되게 되자 1958년까지 고착된 방어선을 지키면서 갖은 고역을 다 치뤘다. 제대한 다음에 는 강원도 문천기계공장에 배치되어 주물직장에서 일하다가 같은 일터에서 근무하는 여자와 눈이 맞아 결혼까지 했다. 안정된 생활을 막 시작하려는데 이번에는 또 대남공작원으로 선발되었다.

결혼한 색시한테는 좀 미안한 일이지만 마음속으로 얼마나 기 뻤는지 모른다. 들뜬 기분으로 하루하루를 보내고 있는데 드디어 중앙당으로부터 소환장이 내려왔다. 기다리고 기다리던 대남공작원이 된 것이다. 북한에서는 중앙당에서 소환장이 내려왔다고 하면 누구나 다 기뻐하며 자랑스럽게 생각하는 것이 사실이다. 그는 소환장을 받아들고 이제나저제나 하고 초조한 시간을 보냈다.

며칠 후 공장 당위원회로부터 통지가 왔다. 내일 아침 10시 정 각에 평양역 귀빈실에서 접선하라는 내용이었다. 색시한테는 좀 미안한 일이지만 그냥 그대로 헤어질 수 없어 마지막으로 포용하며 한마디 해주었다.

"여보, 결혼이라고 해서 오래도록 같이 행복하게 살 줄 알았는데 이렇게 헤어지게 됐으니 정말 미안하게 됐소."

"그거야 어떻게 할 수 없지 않아요. 저는 중앙당에서 소환장이 내려왔을 때 그때부터 이렇게 헤어지게 될 줄 알고 있었지만, 마음속으로는 영광스럽고 자랑스럽게 생각하고 있었어요."

"그렇게 대견스럽게 생각하고 있었다니 참 고맙소. 이제 차 시간이 다 됐으니 그만 떠나야겠소."

"저도 역전까지 나가려고 그래요."

문천 역에는 직장 동료들도 많이 나와 있었다. 기차가 도착하여 더 오래 있을 수 없어서 나는 차에 몸을 실었다. 배웅 나온 동료들은 차가 멀리 보이지 않을 때까지 손을 흔들고 있었다. 아침 9시, 평양에 도착하여 귀빈실로 달려갔다. 그러나 귀빈실에는 아무도 없었다. 북한에는 그만큼 여행객이 없기 때문이다. 귀빈실에 혼자 앉아서 기다리고 있는데 정각 10시쯤 되자 한 사람이 나타났다.

중앙당 지도원이었다. 문천기계공장에서 온 조원식이라고 자기 소개를 하고 난 다음, 지도원이 안내하는 대로 곧장 중앙당 정치학교(일명 695군부대, 공작원 양성기지)로 들어가 '묘향산 반'에 있는 어느 한 초대소에 입소했다.

각 조는 4명이 한 조로 구성되어 있는데 거기에 미리 와 있는 같은 조 성원들도 모두 자기와 비슷한 경로를 걸어온 의용군 출신들이었다.

'묘향산 반'에는 한 개의 강의실에 5개 조씩 들어가 교육을 받는데 숙소에서 강의실이나 식당에 오고 갈 때는 항상 선글라스를 끼고 우산을 쓰고 다녀야 하며 가끔 다른 조와 마주치게 될 때는 우산으로 자기 몸을 가리고 상대편 성원들이 다 통과한 다음에 정상적으로 행동하게 되어있다.

2년이 돼서 연락부 공작원이 되었는데 당시 연락부에서는 1976년 9월에 있었던 '거문도사건'으로 말미암아 2년 동안 대남 공작을 못했다고 하면서 각 과에서는 서로 먼저 하려고(모든 공작 모선을 먼저 차지하려고) 서두르고 있었다. 하지만 원식은 어디서 먼저 하거나 말거나 공작 임무를 받은 대로 공작 구상에만 몰두하였다. 공작 구상이 잘되었다고 평가되어야 누구보다 먼저 남파될 수 있기 때문이었다.

공작 임무라는 것은 남조선에 내려가서 가족이나 친척들 가운데서 제일 활동력 있는 대상을 하나 포섭해 '대동월북'시키는 것이었다. 그러니까 공작 구상이라는 것도 별로 복잡하고 깊이 있게 할 것도 없었다. 그러나 지도원들이 서두르는 대로 공작선을 빨리 차지하려면 거기에 발을 맞추어 같이 서두르지 않을 수 없었다.

드디어 진출 날짜가 잡혔는데 그날이 바로 1979년 6월 초였다. 상륙 장소는 전라남도 목포시 목포부두의 모 지점이었다. 원식은 공작 일정에 따라 모든 준비를 하고 1979년 6월 2일 저녁 9시 지도원들과 함께 남포기지로 갔다.

출발시각이 되어 지도원들과 악수를 하고 헤어졌다. 지도원들은 배가 떠날 때까지 갑판에서 내리지 않고 "꼭 성공하길 바란다"라며 몇 번씩 당부하곤 했다. 그만큼 성공률이 낮기 때문이다.

배가 한참 달리는데 안내 조장이 갑판 밑에 꾸며진 골방으로 데리고 내려가더니 여기가 공작원실이라고 하면서 항해 도중에 지켜야 할 사항과 화장실에 가고 싶으면 뒤에 있는 단추를 눌러 신호를 보내야 한다는 등 주의사항에 대해서 알려주고 나갔다. 원식은 "드디어 올 것이 왔구나!"하고 생각하면서 하루빨리 상륙지점에 도착하기만 기다렸다. 그런데 뱃멀미가 어찌나 심하게 일어나는지 먹은 것을 다 토하고 그만 그 자리에 쓰러지고 말았다.

잠시 후 안내조장이 들어오더니 골방 바닥에 토해놓은 음식물 찌꺼기를 아주 능숙한 솜씨로 치우고 닦아내더니 옷을 한 벌 갈아

입혀 주고 나서 이까짓 것은 약과라고 하면서 갑판 위로 나를 데리고 올라가서 물을 한 바가지 떠 주며, 세수를 하라고 해서 하고 다시 갑판 아래 골방으로 내려갔다.

그리고 공작선은 한참 달리다가 어디쯤 왔는지 점점 속도를 줄이더니 발동을 끄고 그 자리에 멈춰 섰다. 참 다행이라 생각하고 있는데 잠시 후 안내조장이 들어와 오늘 하루는 여기서 쉬다가 해가 진 다음에 다시 출발하니까 화장실을 가려면 빨리 가라고 일러 주었다.

그러지 않아도 여기가 어딘지 궁금했었는데 마침 잘됐다고 생각하고 서둘러서 갑판 위로 올라갔다. 올라가 보니 옆에는 2천 톤쯤 되어 보이는 큰 상선이 하나 서 있었고 뒤에는 육지, 그리고 반대편에도 멀리 육지가 보였다. 얼핏 생각해보아도 지금 서 있는 지점이 중국의 서쪽에서 동쪽으로 흐르는 황하, 아니면 양자강 하구임이 틀림없는 것 같았다.

갑판 위에 더 있고 싶어도 배 안에서 준수해야 할 사항을 지키기 위해 더는 있지 못하고 갑판 밑에 꾸며놓은 공작원실로 다시 내려갔다. 원식은 지루하고 답답했지만 온종일 그대로 참고 견디는 수밖에 없었다. 배가 그 자리에 서 있는 동안에 아침, 점심, 저녁식사까지 다 하고 나니까 일몰시간이 되어 배가 다시 서서히 움직이면서 전속력을 내기 시작했다. 그렇게 한참을 달리다가 배가 갑자기 멎더니 안내조장이 들어와 밑으로 내려가 자선으로 옮겨 타라고 해서 자선으로 옮겨 탔다.

그리고 조금 있으니까 모선 후미로 암탉이 달걀을 품는 것처럼 자선이 쭉 빠져나갔다. 거기서부터는 자선을 타고 상륙지점까지 침투한다는 것이다. 잠시 후 모선으로부터 분리된 자선은 전속력을 내기 시작했다. 속도가 어찌나 빠른지 시속 60킬로미터도 더 되는 것 같았다. 저 멀리 수평선에는 수백 척의 고깃배들의 불빛이 번쩍거렸다.

자선은 불을 끈 채 많은 고깃배 사이사이로 이리저리 누비며 달렸다. 그러다가 해양경찰대 순시선이 나타날 것 같으면 속도를 줄이고 천천히 움직이다가 위험지대를 벗어난 것 같으면 또 속력을 내어서 1980년 6월 8일 자정에 목포부두 모 지점에 도착했다. 도착하자 안내원들은 공작원과 접선장소와 무인포스트 장소를 약속하고 "꼭 성공을 바랍니다."라고 하며 악수를 하고 헤어졌다.

안내원과 헤어진 다음, 원식은 유달산공원에 올라가 한숨 자다가 다음 날 아침 목포경찰서로 갔다.

"내가 북에서 내려온 대남공작원입니다. 어젯밤 12시에 목포부두로 상륙하여 유달공원으로 올라가서 한잠 자다가 자수를 하려고 내려왔습니다."

경찰은 그의 진술 내용을 세밀하게 분석한 결과 역공작을 할 가치가 있으므로 위 사항에 대해 완전히 극비에 부치고 일절 보도를 하지도 않았다. 그리고 본 공작원이 공작지역에 무사히 도착하여 공작을 구상한데로 활동하고 있는 것처럼 그 공작원의 암호로 평양에 보고했다.

'공작지역에 무사히 도착, 공작을 구상한 대로 대상 공작에 착수하고 있음. 다음 지시 바람, 무지개 307호'

그러자 그로부터 3일 후 평양에서 하향 지시가 내려왔다.

'무사 도착을 축하함. 공작대상들 가운데 대동 월북 가능한 대상이 있으면 누구누구인지 인적사항을 상세히 적어서 6월 15일까지 제1 무인포스트에 매몰할 것. 건투를 바람'

이것도 역시 공작원을 검열하기 위한 수단이다. 그러니까 연락부 공작과에서 6월 15일까지 무인포스트에 매몰하라고 했으니까 작전부에서는 적어도 3일 전인 6월 12일 전에 현지에 내려와서 무인포스트 주변에 잠복하고 있으면서 15일 무인포스트에 누가 나오는지 등 남쪽의 동태를 주시하고 있다가 공작원이 제1 무인포스트에 문건을 매몰하고 철수하고 난 다음에 약 1시간 좀 더 있다가 안전상태를 확인한 다음에 무인포스트를 발굴해 돌아간다.

남쪽 공작팀에서 역공작에 성공하려면 적어도 6월 12일보다도 더 2~3일 전에 무인포스트 주변에 잠복해 있으면서 무인포스트를 발굴하러 내려오는 안내원들의 동태를 세밀히 관찰해야 한다. 그래야 연락부의 전술에 대응해서 역공작에 성공할 수 있다.

물론 이럴 때도 무인포스트를 발굴하러 온 안내원들만 체포할 수도 있다. 하지만 그보다도 더 '큰 고기'를 낚기 위해서 남쪽 공작팀에서는 모르는 척하고 그대로 돌려보내기로 했다. 그 때문에 남쪽 공작팀에서는 주변에 잠복한 채로 공작원 혼자서 나타나 무인포스트를 매몰하고 돌아가도록 했다. 연락부 안내원들이 무인포스트를 발굴해, 가는 것까지 확인하고 난 다음에야 철수했다.

그러니까 연락부의 1차 검열에서는 통과된 셈이다. 그 후 침투한 지 4개월이 지난 다음, 공작금이 다 떨어져서 공작을 더 추진할 수 없다는 핑계를 대어 다시 전파를 날렸다.

'대상 공작중 공작금이 다 동결되어 공작을 더 추진하기 어렵게 되었슴. 공작금 급송해 주기 바람. 무지개 307'

그러자 3일 후에 어김없이 하향 지시가 또 내려왔다.

'보고 받았슴. 가까운 국민은행에 예금 통장을 개설하고 계좌번호를 적어 보낼 것. 건투를 바람'

이런 지시가 내려왔다. 그래서 남쪽 공작반에서는 이건 또 무슨 수작인가 여러 가지로 분석을 했다.

무인포스트에 갖다 묻으면 그만인 것을 왜 통장을 개설하라고 그러는 것일까? 그리고 가까운 국민은행이라면 누가 따로 감시하고 있다는 말이 아닌가? 별의별 생각이 다 들었다.

그러나 침투 후 1차 지시대로 보고문을 포스트에 매몰했고 안내원이 3일 전에 잠복하고 있다가 안전하게 발굴해 갔기 때문에 1차 검열에서는 통과된 셈이다. 그랬기 때문에 더 검열할 필요가 있겠는가? 의견일치를 보았다.

그래서 대상에게 일단 지시한 대로 가까운 국민은행 통장을 개설하도록 하고 무전으로 계좌번호를 날려 보냈다. 그러고 나서 다시 3일 후에 통장으로 공작금 500만 원이 입금됐다. 완전히 신임을 얻은 셈이다. 이렇게 평양에다 보고를 하고 지시받고 또 보고하고 지시받고 하기를 반복하다가 1979년 6월 5일 침투한 지 1년 만에 평양에 무전을 쳤다.

대상 공작 결과 대상 2명이 대동월북에 쾌히 응하고 나섰슴. 다음 지시 '바람'

그러자 그로부터 3일 후 하향 지시가 내려왔다.

'보고받았슴, 6월 12일 밤 12시 제1 접선장소에서 2명 모두 다함께 접선하도록 할 것 건투를 바람

하향 지시가 내려오자 남쪽 공작반에서는 만반의 준비를 하고 접선날짜보다 5일 전에 제1 접선장소와 간첩선 자선이 기다리고 있는 해안가 부두를 완전히 포위하고 시간을 기다렸다.

그런데 이상하게도 그날 오후에 소낙비가 쏟아지더니 7색 무지개가 한 시간 동안 떠 있다 사라졌다. 좋은 징조가 나타날 것 같은 예감이 들었다. 아니나 다를까 접선날짜 3일 전에 접선장소 부근으로 납작한 자선이 목포부두에 도착하더니 건장한 남자 둘이 배에서 내려 접선장소 근방에 와서 주위 동정을 살피며 그 자리에서 잠복하기 시작했다.

역시 접선날짜와 제시간에 접선장소에 누구누구 나오는가를 감시하기 위한 것이었다.

지루한 시간을 보내다가 접선시간이 다가오자 접선규칙대로 하부선에서 먼저 "딱 딱" 손뼉치기 두 번으로 신호를 보냈다. 그다음 상대편에서 회담 신호를 보내려는 순간, 해안가에서 대기하고 있는 자신은 자선대로, 접선장소에 있는 안내원은 안내원들대로 일제사격 신호와 함께 집중사격을 퍼부었다.

눈 깜짝할 사이에 공작 자선 1척을 나포하고 안내원 2명과 선원 3명을 사살하였다. 바로 이것이 1979년 6월 초에 있었던 목포 유달산 무지개사건이었다.

그 외에도 남파간첩들이 체포, 자수 전향한 사건을 말하자면 헤

아릴 수 없이 많다. 그렇다고 모든 암호를 풀어 역공작을 모두 펼치기도 어려울뿐더러 로동당 연락부가 오히려 이상하게 생각할 것이고 의심하게 된다.

때문에 로동당 연락부가 완전히 믿고 끌려오도록 하기 위해서는 우리측 정보기관이 수집한 정보 중에서도 드문드문 역공작할 가치가 있는 것만 가지고 몇 건밖에 할 수가 없다.

5. 부산 '다대포사건'

1982년 11월 초 어느덧 선선한 날씨도 다 지나가고 매섭고 쌀쌀한 날씨가 다가왔다. 연락부 각 공작팀은 작전부의 모선 선박을 서로 먼저 차지하려고 밀고 당기느라고 시간 가는 줄을 몰랐다. 그것은 1976년 9월 20일 발생한 거문도사건으로 말미암아 2년 동안 대남공작이 중단되었던 데다가 이제 또 밀리면 언제 차례가 돌아올지 막연한 상태이기 때문에 서로 경쟁적으로 달라붙다 보니 공작조마다 지도원들은 서로 염치 불고하고 막 밀고 들이밀 수밖에 없다.

공작원 김인수(가명)도 어떤 때는 그것이 안쓰러워 그저 웃으며 스치고 말았다. 아무 때라도 기다리고 있으면 차례가 돌아오기 마련이듯이 그에게도 드디어 차례가 돌아왔다. 진출 날짜는 1982년 11월 2일, 상륙지점은 부산시 다대포 해안가였다.

그도 의용군 출신 공작원이었다. 진출 날짜가 다가오자 공작원 김인수는 모든 공작 장비를 갖춰 차에다 싣고 지도원들과 함께 원산항으로 떠났다.

며칠 후 10월 30일, 출발 시간이 되자 김인수는 과장 지도원들과 악수를 하고 헤어졌다. 지도원들은 "꼭 성공하길 바란다"라면서 배가 보이지 않을 때까지 손을 흔들며 성공을 빌었다.

공작 모선이 원산항을 출발하여 공해상으로 빠지자 어디선가 똑같은 배가 다가와 저인망선처럼 같이 행동하면서 대마도 동남쪽 공해상에 도착, 거기에 진을 치고 있었다. 그러다가 모선으로부터 자선이 분리되자 김인수는 자선에 몸을 실은 채, 상륙지점으로 은밀히 접근해 들어갔다.

다대포 주변에도 수백 척의 고깃배들이 등을 번쩍이며 붐비고 있었다. 자선은 그 고깃배들 사이를 누비며 결국 다대포 상륙지점에 도착했다. 거기서 주위 동정을 살피다가 아무 이상이 없다는 것을 확인한 다음 안내조와 제1 접선장소, 무인포스트 장소를 약속하고 헤어졌다.

이렇게 상륙한 다음 김인수는 동이 틀 무렵에 부산 시내로 들어가서 아침 식사를 하고 목욕탕에서 목욕까지 하고, 시내를 배회하다가 순찰하는 경찰들의 불심검문에 걸렸다. 그러자 여기저기 주머니를 들춰보고 지갑을 꺼내 보고 아래위 주머니를 다 훑어보다가 난처한 표정으로 "내가 주민등록증을 어디에다가 빠뜨린 것 같은데, 우리 집이 저 영도다리 바로 건너편에 있는 첫 번째 아파트니까 가 볼 테면 가 봅시다"라고 둘러댔다. 그러자 경찰들은 가 보자니 그렇고 또 안 가 보기도 그렇고 해서 주춤주춤 머뭇거리다가 바쁜 일도 없고 해서 일단 같이 가 보기로 했다.

그러자 김인수는 경찰들과 함께 걸어가면서 손짓으로 영도다리 건너편에 제일 처음에 보이는 아파트가 우리 집이라고 하면서 먼저 뛰어가며 3층으로 올라오라고 하고 현관으로 올라갔다.

그리고 바로 아파트 뒷문으로 빠져나가 숨어있다가 다시 영도다리를 건너왔다. 그 사이 경찰들은 아파트로 따라 올라가 보았으나 3층에도 없고, 2층에도 없고 1층에 내려왔는데도 상대가 보이지 않았다. 그때야 비로소 경찰들은 속았다는 것을 알아차리고 호각을 불며 여기저기 찾아다녔다.

이렇게 경찰을 따돌린 김인수는 한 음식점에 들어가서 안주 한 접시를 시킨 다음, 소주 1병을 꿀꺽꿀꺽 마시고 나서 택시를 잡아타고 곧바로 안기부 부산지부로 찾아갔다. 그리고 정문으로 다가가서 엄지손가락을 꼽아 보이며 "내가 여기서 제일 높은 양반을 만나러 왔으니까 빨리 좀 만나게 해주시오."

정문을 지키고 있던 경비원들은 어디서 술주정뱅이 같은 것이 주접을 떤다고 하면서 빨리 꺼지라고 소리쳤다. 그러자 이번에는 안 주머니에 손을 넣고 우물거리다가 권총을 꺼내놓으며 "자, 이래도 날 못 믿겠소? 내가 어젯밤에 북에서 내려온 손님인데 자수하러 왔으니까 빨리 높은 양반 좀 만나게 해 주시오."

그러자 안기부 요원들은 즉시 담당과에 연락을 취하고 그를 2

층으로 안내했다. 김인수는 2층 과장실에 들어가자마자 권하는 의자에 앉으며 자수하러 왔다고 이야기를 털어놓았다. 그러자 담당과장이 더 기다리다 못해 물어보기 시작했다.

"그런데 무얼 자수하러 왔다는 거요?"

"네, 제가 술을 좀 마셨는데 너그럽게 봐 주십쇼. 그러나 정신은 똑바릅니다. 저는 로동당 연락부 25과 특수공작원 김인수입니다. 어제 11월 2일 자정에 공작지역이 부산이기 때문에 다대포로 상륙했습니다. 그리고 공작 임무는 가족 친척 중에서 제일 활동력 있고 믿을 수 있는 대상을 포섭해 대동 월북시키는 것입니다."

"그럼 그렇게 마음에 드는 대상이 어디 있습니까?"

"이제부터 찾아보아야지요! 제 고향이 부산이니까 찾아보면 많을 겁니다. 그래서 오늘은 좀 쉬고 내일부터 대상들을 하나하나 만나서 공작해 볼까 합니다."

"그런데 당신의 암호는 무엇입니까?"

"네. 제 암호는 '다대포 419입니다."

"그럼 오늘은 푹 쉬고 내일 다시 만나기로 합시다."

"네, 그렇게 하겠습니다."

"어디 쉬실 곳은 있습니까?"

"네, 부산이 고향이니까 우리 집도 있고 친척 집도 많습니다. 그리고 친구들도 많고요."

"그래요. 그럼 내일 다시 만나서 일을 시작해 봅시다."

그리고 다음 날 다시 만나서 자수하도록 했다. 그러면서 진술 내용을 종합분석해 보니까 역공작을 할 가치가 큰 것 같았다. 그래서 이 사항에 대해서는 일체 신문에도 보도하지 않고 있다가 15일 후에 공작지역에 안착하여 공작에 착수한 것처럼, 그의 암호로 전파를 날렸다.

'공작지역에 무사히 도착했슴. 현재 구상된 계획에 따라 공작 진행 중임. 그런데 좋은 대상이 너무도 많아 크게 고민하고 있슴. 다음 지시 바람. 다대포 419

그러자 그로부터 3일 후 어김없이 하향 지시가 내려왔다.

"보고 받았슴. 무사 안착을 축하함. 그렇게 좋은 대상이 많을 것 같으면 공작을 속성으로 진행할 것. 그중 대동월북할 수 있는 대상이 있으면 1, 2, 3, 4 번호순으로 성명, 나이, 학벌 등 인적사항을 구체적으로 기재하여 11월 25일까지 제1 무인포스트에 매몰할 것. 건투를 바람."

김인수로서는 첫 번째 검열을 받는 중요한 기회이기 때문에 이 기회를 놓치면 안 된다. 그래서 필요한 병력은 무인포스트 주변에 잠복시키고 25일에는 김인수 혼자서 작성한 보고서를 무인포스트에 매몰하고 철수하도록 했다. 그 후 1시간쯤 지나서 안내원들은 무인포스트에서 그 보고문을 발굴해 유유히 사라졌다. 부산지부 공작팀은 안내원들이 상륙 장소로 철수하는 것까지 확인한 다음 철수했다.

그리고 그 후 1주일 있다가 또 하향 지시가 내려왔다.

'보고 받았슴. 대상 4명 중 1번 황규성 대상을 준비시켜 12월 5일 자정에 제1 접선장소에서 접선시킬 것. 건투를 바람'

그러자 부산지부에서는 이번 공작의 중요성과 연락부 공작팀의 조급성, 그리고 제1 접선장소 주변의 지형학적 특성 등을 고려하여 이번에는 상륙 장소에 있는 공작선과 선원들은 별도로 처리하고 접선하러 들어오는 안내원들을 생포할 목적으로 사전에 육군본부와 연계해 군으로부터 10여 명의 무술 특공대를 비롯해 필요한 군병력을 지원받았다. 무술 특공대원들은 12월 5일 자정에 맞춰 1시간 전부터 다대포 상륙지점으로부터 접선장소로 가는 사이의 길목에 은밀하게 매복, 대기시켜놓고 있었다.

조금 있으니까 안내원들이 다대포로 상륙하여 접선장소로 은밀히 접근해 오고 있었다. 무술 특공대원들은 안내원들이 코앞에 다가왔을 때 벼락같이 일격에 강타함으로써 안내원들을 아얏소리도 못하게 생포하였고, 상륙 장소에 있는 간첩선은 그것대로 일망타진시켜 버렸다.

그런데 이번 다대포 사건의 특징은 부산지부에서 사전에 육군본부와 연계, 무술 특공대를 지원받아 접선상대가 들어오는 길목을 지키고 있다가 접선하러 들어오는 상대편 안내원들이 손 쓸 겨를도 없이 생포했다는데 큰 의의가 있다. 지금까지 많은 역공작을 통해서 상당한 전과를 올리기도 했지만, 이번처럼 접선하러 들어오는 작전부 공작원을 생포한 예는 단 한 건도 없었다.

역공작을 하면 할수록 로동당 연락부 공작은 수세에 몰릴 수밖에 없다. 지금 연락부에는 언제 어디서나 부딪친 난관을 능동적으로 헤쳐나갈 수 있는 천부적인 기질을 겸비하고 있는 즉 '혁명가적 자질을 갖춘 그런 공작원들이 매우 부족한 것이 현실이다.

이것은 필자 자신이 1951년 6·25전쟁 2차 후퇴 시기에 퇴각하는 인민군에게 강제 납북된 이후 별의별 일을 다 겪으며 신임을 받기 위하여 이를 악물고 충성을 다하였기 때문에 연락부 공작원으로 선발되었고, 또 공작원으로 선발된 다음인 1968년 3월 초, 인천시 연수구 옥련동, 송도 공작에서 김일성을 깜짝 놀라게 할 만큼 특출한 공적을 세움으로써 연락부 부부장대우를 받으며 근 10년 동안 연락부 내의 모든 어렵고 힘든 공작에 거의 다 관여해 왔기 때문에 연락부의 내부사정은 누구보다도 잘 알고 있다.

아직도 로동당 연락부 내에는 특수공작에 상응한 천부적인 기질을 겸비한 그런 공작원이 몇 명 되지 않는 것이 사실이다. 그러므로 연락부 간부들은 자기가 살아남기 위하여 김일성에게 허위, 과장보고를 일삼았던 것이었다. 김일성은 자기 졸개들로부터 그만큼 많이 속고 있었다. 그러고 보면 김일성도 참 불쌍하기 짝이 없는 인간이다.

거듭 강조하건대 북한 공산주의자들이기도 하는 이른바 '남조선혁명'과 '적화통일'은 결코 실현될 수 없으며 그것은 절대 불가능한 것이다. 해방 후부터 오늘까지 북한 공산주의자들이 이른바 남조선혁명과 조국 통일이라는 명목 아래 그렇게 쏟아부은 '돈' 그 액수만 해도 북한만한 땅덩어리를 하나 더 사고도 남았을 것이다.

세상이 다 아는 바와 같이 우리 대한민국은 지하자원이 하나도 없는 나라이다. 그런데 북한은 지하자원이 넘쳐나고 있다. 그렇게 자원이 없는 대한민국은 세계에서 열두 번째 경제 대국(이 책을 출판한 시기인 2013년 기준, 현재는 10위권이다. 편집자 주)

이 되었는데 자원이 풍부하다는 북한은 자원이 하나도 없는 대한민국에 비하여 경제력이 42대 1밖에 되지 않는다.

그럼에도 불구하고 북한 공산주의자들은 북한이 못 살고 뒤떨어진 이유가 미국의 경제봉쇄정책 때문이라고 생억지를 부리고 있다. 북한은 망해도 벌써 망했어야 했다. 그런데 아직 살아남아서 그 무슨 '남조선혁명'과 '조국 통일'을 꿈꾸고 있는가? 정말 가증스러운 일이 아닐 수 없다. 이제부터 북한 공산집단이 저지른 원죄를 낱낱이 살펴보기로 한다.

3부

원한의 38선

1945년 8월, 제2차 세계대전이 종전되면서 우리나라는 일제의 식민지 기반으로부터 해방되었다. 하지만 그 해방의 기쁨은 오래 가지 못하고 강대국 소련의'전략적 음모'에 따라 전패국도 아닌 우리나라에 38선이 그어지면서 각각 소련과 미국에 점령당함으로써 또다시 남북으로 갈라져 약소민족의 설움을 겪게 되었다.

　그러다가 2차 세계대전 종전과 더불어 1945년 8월 15일 일제의 식민지 기반으로부터 해방되면서 삼천리 온 강토가 감격의 기쁨으로 들끓었다.

　그러나 그 감격의 기쁨도 잠시, 어느새 이 나라에는 소련이라는 강대국의 '전략적 음모'에 따라 38선이 그어지면서 38선 이북지역은 소련군대가 점령하고 그 남쪽 지역은 미국 군대가 점령함으로써 '감격의 기쁨'은 곧 '분단의 슬픔'으로 바뀌었고 수많은 월남자와 그 가족들이 헤어져 1천만 이산가족이 생겨났다. 그리고 그들은 헤어진 지 반세기가 넘도록 아직도 이산의 아픔을 겪고 있다.

　38선이라는 것만 아니었어도 우리 민족은 둘로 갈라지지도 않았을 것이며 또 '김일성 일당'이라는 공산당만 없었더라도 수많은 월남자는 생겨나지도 않았을 것이다. 그런데 이 나라에는 강대국에 의해 38선이 그어지고 이북에 공산당이 뿌리내리게 되면서부터 '토지개혁'과 함께 '주요 산업국유화'가 실시됨으로써 지주 자본가들의 재산이 강제로 몰수당하고 소위 '민주개혁'이라는 것이 실시되었기 때문에 재산을 몰수당한 지주 자본가를 비롯한 수많은 월남자와 함께 1천만 이산가족이 생겨난 것이다.

1. 38선은 언제 어떻게 그어졌는가?

1945년 8월 15일, 제2차 세계대전 종전과 더불어 우리나라가 일제의 식민지 기반으로부터 해방되자 우리 민족은 해방의 기쁨으로 서로 얼싸안고 춤을 추었다.

그러나 기쁨도 잠시 우리 민족은 우리의 의지와 상관없이 38선이 그어지면서 그것을 경계로 남북으로 갈라져 버렸고 북쪽엔 소련군대가, 남쪽엔 미국 군대가 각각 점령하여 어제까지도 38선 부근에서 함께 살던 한동네 사람들이 '다른 나라 사람'처럼 서로 얼굴도 볼 수 없게 되었다.

이렇게 38선이 생기게 되자 이북에는 어깨에 소련군 '대위' 계급장을 달고 나타난 김일성이 소련군의 보호를 받으며 평양으로 돌아와 1945년 10월 10일 '조선공산당 북조선 분국'(이하 조선로동당)을 창당하면서 "조선 혁명은 '전국 혁명'과 '지역 혁명'을 동시에 수행해야 하는 '분단국가혁명'이기 때문에 복잡성과 장기성을 띠기 마련이며 그러기 때문에 "우리는 소련군대가 주둔하고 있는 유리한 조건을 이용하여 북조선에서 먼저 혁명을 수행하고 그것을 근거지로 하여 남조선혁명을 지원하여 전국 혁명을 완수해야 한다."라고 하면서 소련군대를 등에 업고 민족진영 인사들을 탄압하며 '북조선 임시인민위원회'를 비롯해 중앙으로부터 하부 말단단위에 이르기까지 각급 행정 정권기관 단체들을 세워놓고 모든 권력을 틀어잡았다.

그리고 1946년 3월 5일 '토지개혁'법령과 동시에 '중요산업 국유화'법령을 발포하면서 지주 자본가들이 소유하고 있던 토지를 비롯하여 공장·광산·산업·운수시설 등의 모든 재산을 몰수하고 이른바 '민주개혁'이라는 것을 실시하였다.

1947년 12월 1일에는 '화폐개혁'까지 단행하면서 지주, 자본가들의 화폐 형태로 축적된 재산까지 모두 몰수하면서 남북 모두 통용되고 있는 구화폐를 모두 회수한 다음, 북한을 완전히 딴 세상으로 만들어놓았다. 그때부터 북한은 새로 발행한 신화폐를 사용하고 1947년 12월 화폐개혁 당시에 회수한 구화폐(대한민국에서 그대로 사용하고 있는)는 몽땅 회수하여 대남공작에 쏟아부었다.

그러더니 1948년 9월 9일 '조선민주주의인민공화국'을 세운 다음, 대남공작을 강화하면서 '대한민국 국군은 탱크 1대도 없다'라는 정보를 입수하고 그 허술한 틈을 이용하여 전쟁 준비를 빈틈없이 하여 드디어 1950년 6월 25일 새벽 5시를 기해 기습 남침을 감행, 전쟁까지 도발하였다.

그리고 개전 3일 만에 수도 서울을 함락시킨 다음에는 길 가는 젊은이들을 마구 붙잡아다가 '50만 명의 의용군'을 강제로 징집해, 전쟁을 도발한 지 2개월도 안 돼 낙동강 경계선까지 밀고 내려갔다. 준비가 전혀 안 된 대한민국 국군은 허무하게 밀려 내려가기만 했다.

이렇게 대한민국이 북한군에게 일격에 점령당할 수 있는 위기가 조성됐을 때 UN군 사령부에서 그것을 제때 포착하고 UN군 특수부대를 급파시키는 한편 북한군이 점령하고 있는 후방의 군사 밀도가 희박한 약점을 이용하여 '인천상륙작전'을 전개하여 성공시킴으로써 전쟁의 주도권을 휘어잡았다. 김일성은 어쩔 수 없이 전체 인민군부대들과 국가 공공기관 단체들에 후퇴명령을 내리면서 서울을 비롯한 모든 철수지역에서 정계, 학계, 사회계 저명인사들을 닥치는 대로 납북시키라는 별도 지시를 하달하면서 압록강까지 밀려 올라갔다.

당시 김일성이 후퇴명령을 내리면서 남한의 정계, 학계, 사회계 저명인사들을 강제 납북시킨 목적은 남한의 사회 각계 저명인사들을 끌고 감으로써 남한 사회의 인재들을 고갈시키는 한편, 그 인재들 가운데 한 명이라도 전향시켜서 앞으로 있을 수 있는 '대남 심리전'과 '대남위장평화 공세'에 이용하는 한편 그들의 지식과 재능을 북한의 사회주의 건설에 활용하려는데 있었다.

또 다른 한편으로 김일성은 압록강을 건너가면서 모택동에게 "도와달라"고 간청을 했다. 그러자 모택동은 단독으로 해결할 문제도 아닌 것 같아서 스탈린의 고견을 받아 '100만 지원군'을 모집해 1950년 10월 25일, 전쟁에 개입시켰다.

그 바람에 김일성은 또다시 남진할 기회를 얻게 되어 수원, 원주 경계선까지 밀고 내려갔으나 중공군의 개입목적 자체가 38선 부근, 원위치에 방어선을 고착시키는 것이었기 때문에 '조선인민군 최고사령부'와 '중국지원군 사령부' 사이에는 의견충돌이 생기게 되었다. 즉 '인민군 측에서는 수원, 원주 경계선의 점령지역을 기필코 사수하자'라는 것이었고, 중공군 측에서는 '스탈린의 간곡한 당부'에 따라 38선 부근 원위치까지 철수시켜야 한다.'라고 주장한 것이다.

그 후 양측이 끈질긴 접촉을 하고 협상을 거듭하였으나 도저히 합의를 이룰 수 없게 되자 중공군 측에서 할 수 없이 일방적으로 철수해 버렸다. 그렇게 되어 결국 인민군부대들도 철수하지 않을 수 없었다.

그때 벌써 스탈린은 김일성의 남침야욕을 통찰하고 전쟁이 국제적으로 확대될 것을 우려하여 모택동에게 간곡하게 당부했다. 결국, 그렇게 되어 김일성의 남침야욕은 수포가 되고 38선 부근 원위치에 간신히 방어선을 고착시키게 되었다.

그 후 UN군과 중공군 사이에 끈질긴 접촉과 협상을 계속하던 끝에 드디어 1953년 7월 27일에 휴전협정을 체결하였다. 이렇게 휴전협정이 체결되자 3년간의 격렬한 전쟁은 막을 내리고 휴전선에 울렸던 포성도 멎어버렸다.

그렇게 되자 김일성은 휴전협정이 체결된 후 반세기가 넘도록 대남공작을 확대 강화하면서 '동백림 대간첩단사건'을 비롯해 '1·21청와대 침투사건', '울진 삼척 무장공비 침투사건' 등 전쟁을 방불케 하는 각종 사건을 일으키고, 최근에 와서는 또 '천안함 격침사건'과 '연평도 포격사건'까지 일으키면서 악독하기 그지없는 '무서운' 적으로 그대로 남아있다.

38선이라는 것만 아니었어도 우리 민족은 둘로 갈라지지도 않았을 것이며 공산당이라는 것만 없었더라도 우리나라에서는 전쟁이 일어나지 않았을 것이다. 그런데 38선이라는 것과 공산당 때문에 3년간의 가장 처절한 전쟁을 겪게 되었다.

그렇다면 38선이라는 것은 도대체 언제 어떻게 생겨난 것인가? 결론부터 말한다면 38선은 1945년 8월, 제2차 세계대전 종전과 더불어 공산 종주국 소련의 '전략적 음모'를 미국이 묵과했기 때문에 생겨난 것이다.

1917년 10월, 러시아에서 '차르 전제제도'를 타파하는 '프롤레타리아혁명'(사회주의 혁명)이 일어나고 그 혁명이 승리하게 되자 세계 최초로 공산당이 집권하면서 '소비에트 사회주의연방공화국'(이하 소련)이라는 '사회주의 국가'가 탄생하게 되었다.

이렇게 세계 최초로 '사회주의 국가'가 탄생했기 때문에 '소련'이라는 나라는 탄생한 첫날부터 자본주의의 포위 속에 둘러싸이게 되었다.

그런데 이것은 레닌을 비롯한 소련 공산당 지도자들의 처지에서 볼 때, 장차 '소비에트 사회주의연방 공화국'의 생사운명을 좌우하게 될 중대한 문제가 아닐 수 없었다. 이것이 얼마나 중대한 관심사였는가 하는 것은 그 후에 편찬된 소련 공산당 역사 『볼셰비키 당사』 교재가 잘 말해준다.

해방 후 소련 공산당 역사인 『볼셰비키 당사』를 번역, 출판하여 북한의 중앙당학교를 비롯한 김일성대학과 인민경제대학 등 각 정치학교 교재로 사용했는데, 그 책 제8장 제목에는 '외국 무력간섭 시기의 볼셰비키당'을 명문화되어 있었다.

　이 제목을 통해 알 수 있는 바와 같이 '소련'이라는 나라는 탄생한 첫날부터 독일, 프랑스, 영국 등 유럽의 여러 자본주의 국가들과 빈번한 마찰과 충돌이 잦았다.

　이로부터 소련 공산당 지도자들은 '자본주의의 포위로부터 두꺼운 울타리를 쌓기' 위한 전략을 구상하게 되었고, 그 후 1920년대를 거쳐 1940년대 중반, 2차 대전이 끝날 때까지 오랜 세월 동안 '전략적 구상'을 실현하기 위해 전력을 다하며 엄청난 재원을 쏟아부었다. 그러다가 1945년 8월 제2차 세계대전이 끝나게 되면서 비로소 그 '전략적 구상'을 실현할 수 있게 된 것이다.

2. 소련은 왜 전패국도 아닌 대한민국을 점령했는가?

세상에 널리 알려진 바와 같이 제2차 세계대전은 '구라파전선'과 '태평양전선'으로 나뉘어 전개되었다. '구라파전선'에서는 독일을 상대로 하여 소련과 영국, 프랑스 등 연합군이 참전하였고, '태평양전선'은 미국과 일본 두 나라가 맞붙어 전개한 '태평양전쟁'이었다.

그런데 유럽 전선에서는 세계를 제패하려는 독일 히틀러의 야망에 따라 독일군 탱크부대가 선전포고도 없이 '체코슬로바키아', '헝가리', '루마니아', '불가리아', '폴란드' 등 동구라파 제국을 휩쓸어 점령하면서 소련의 국경을 넘어섰을 때, 소련군대는 저항하는 척하면서 뒤로 슬슬 밀리면서 모스크바까지 그대로 내주었다. 이것은 독일 히틀러 군대의 최전방 탱크부대와 후방의 군수물자 보급체계를 완전히 끊어 버리기 위한 '스탈린의 기발한 전략'이었다.

이렇게 별 저항도 없이 모스크바까지 뒤로 슬슬 밀리다가 승리에 도취한 히틀러 군대의 최전방 탱크부대가 모스크바에 거의 도달했을 때 만반의 준비태세로 대기하고 있던 소련군 주력부대가 일거에 반격을 가하기 시작했다.

이렇게 갑자기 소련군 주력부대의 반격에 부딪히게 되자 기진 맥진했던 히틀러 군대는 물 먹은 벽이 허물어지듯이 일격에 무너지기 시작하였고 소련의 붉은 군대는 반대로 히틀러 군대가 점령하고 있던 폴란드, 불가리아, 루마니아, 헝가리, 체코슬로바키아 등 동구라파 제국을 휩쓸어 해방하면서 일격에 독일국경을 넘어 베를린까지 함락하고 히틀러 독일의 항복을 받아냈다.

이렇게 독일의 히틀러가 패망하고 '체코슬로바키아', '헝가리', '루마니아', '불가리아', '폴란드' 등 동구라파 제국이 해방되면서 소련의 위성국으로 되었고, 그로 말미암아 소련의 서부 전선에는 '자본주의 포위로부터의 두터운 방벽'이 자동으로 형성되었다.

그러니까 이제 남은 것은 소련의 남부전선과 극동전선이었는데 소련의 남부 국경에는 광활한 면적의 몽골과 중국이 접경하고 있으므로 별로 걱정할 것도 없었는데 문제는 극동전선이었다.

태평양전쟁은 원래부터 미국과 일본이 상대로 했던 '태평양전쟁'이었고 이 전쟁에서 미국과 일본은 직접적인 교전은 피하면서 동남아시아와 태평양 전선에 병력을 파견하여 식민지를 확보하며 서로 견제하는 식으로 대치해 왔다. 일본은 중국 만주를 비롯한 동남아시아의 넓은 지역에다 너무 많은 병력을 배치하고 미국과는 태평양전선 곳곳에서 이따금 교전하며 오랜 기간을 지탱해 오다가 보니 많은 병력 손실을 피할 수 없어 이미 패망하기 일보 직전의 위기에 봉착하게 되었다.

이렇게 일본이 전 전선에 걸쳐 위기에 몰려 있을 때, 스탈린은 개입할 명분도 없는 이 '태평양전쟁'에 미국을 지원한다는 명분을 내걸고 대일 '선전포고'를 하면서 소련군 주력부대를 극동전선으로 내몰았다. 극동전선에 두터운 방벽을 쌓기 위한 스탈린의 전략이었다.

그럼에도 불구하고 스탈린의 소련군 주력부대를 극동전선으로 내몰았다는 것은 그만큼 '극동전선에 자본주의 포위로부터 두터운 방벽'을 쌓는 문제가 절실했다는 것을 말해준다. 그렇게 때문에 스탈린도 마지막 모험을 걸었던 것이다.

바로 그때 미국이 소련의 개입을 분명하게 막았어야 했다. 왜냐하면, 원래부터 태평양전선은 미국과 일본이 맞붙어 전개된 '태평양전쟁'이었기 때문에 명분이 분명했던 데다가 일본은 이미 패망하기 1보 직전의 위기에 몰려 있을 때였고 또 소련군은 동구라파 제국을 휩쓸어 해방하면서 독일까지 밀고 들어가 베를린을 함락시키고 히틀러가 이끄는 독일로부터 항복을 받아내기까지 전력을 다 쏟아부었기 때문에 소련군 주력부대들도 모두 기진맥진한 상태에 처해있을 때였다.

그런데 미국이 소련이 공산 종주국이라는 것을 알면서도 묵인했기 때문에 소련군대가 개입하여 이미 패망하기 일보 직전의 위기에 몰려 있던 일본을 조기에 항복시키게 했다. 이렇게 일본이 패망했기 때문에 소련은 당연히 미국과 함께 전쟁 패전국인 일본을 분할 점령했어야 마땅한 것이다.

그런데 일본이라는 나라는 소련 영토에서 멀리 떨어져 있는 섬나라이기 때문에 애당초부터 관심이 없었던 데다가 일본을 분할 점령하려면 시일도 오래 걸리고 또 많은 병력이 소요되게 될 테니까 소련은 처음부터 포기하고 일본을 완전히 미국에 맡겨 버린 것이다. 그리고 '얄타회담'을 거듭하며 "패망한 일본군의 무장을 해제시킨다."라는 명분을 내걸고 만주일대에 배치되어있던 일본의

'100만 관동군' 무장을 해제하기 시작했다.

　미국의 입장에서는 일본을 완전히 떠맡은 데다가 또 한반도도 38도선 이남을 점령하게 되니까 이해관계 면에서 볼때 조금도 손해 볼 것이 없었기 때문에 소련군이 패망한 일본군의 무장을 해제시킨다고 했을 때 그만 방관하고 만 것이다.

　이로써 소련은 자기 영토와 육지로 연결된 한반도의 38도선까지 내려와 전패국도 아닌 우리나라의 38선 이북지역을 점령함으로써 소련의 극동지방 연해주의 최남단에 있는 블라디보스톡의 접경지역(두만강 건너편)에 자그마한 방벽을 형성할 수 있게 된 것이다.

3. 공산당의 학정과 민족진영의 각성

　소련군대가 38선 이북지역을 강점하게 되자 어깨에 소련군 '대위 계급장'을 달고 소련군과 함께 평양에 돌아온 김일성은 소련군대를 등에 업고 1945년 10월 10일 '조선공산당 북조선 분국'(이하 조선로동당)을 창당하고 '북조선 임시위원회'를 비롯해 중앙으로부터 하부 말단단위에 이르기까지 각종 '행정 정권기관', 단체들을 세워놓고 모든 권력을 틀어잡았다.

다른 한편에서는 우익·민족진영에서도 당을 창건하고 각 기관 단체조직을 위해 서둘렀으나 처음부터 공산당의 탄압에 부딪혀 뜻을 이룰 수가 없었다. 이렇게 공산당의 탄압에 눌려 전전긍긍하고 있던 찰나에 갑자기 민족진영의 우상이었던 조만식 선생이 공산당에게 잡혀가 처형당했다는 놀라운 소식이 전해졌다.

김일성 일당은 해방 직후의 어수선했던 정세 아래에서 우익·민족진영에서도 당을 창건하고 각 단체를 조직하려 한다는 정보를 입수하고 우익·민족진영의 활동을 가로막으며 민족진영의 우상이었던 조만식 선생을 체포하여 감금시켜 버렸다. 그러다가 그 후 남조선에 침투되어 남로당 지도부 성원(남로당 당수, 부당수 격)으로 지하공작에 열성이던 이주하, 김삼룡이 경찰에 체포되자 북한 당국자들은 "이주하, 김삼룡을 조만식 선생과 38선 접경지역인 개풍군 여현역에서 교환하자"라고 제의해 왔다.

그러자 대한민국 측에서는 손해가 되는 일이지만 그 제안을 받아들이고 합의해 주었다. 그다음, 남조선 측 대표가 이주하와 김삼룡을 수갑을 채운 채 자동차에 태워 약속된 시간에 여현역으로 들어가 교환하려 하던 순간, 남조선 측 대표가 조만식 선생이 이미 싸늘한 시체로 변해있는 것을 발견하고 그 앞을 가로막으며 "당신네 공산주의자들은 다 그렇게 비열한 인간들만 있소?"라고 하면서 교환을 거부해 나섰다. 그리하여 교환문제는 허사로 돌아가고 그 후 이 사실이 뒤늦게 세상에 알려지게 된 것이다.

그때에야 비로소 민족진영에서는 조만식 선생을 재판도 없이 처형한데 대하여 김일성에게 완강하게 항의도 하고 공산당을 반대 배격하는 규탄시위도 대대적으로 일어났다. 하지만 공산당 치하에서는 아무리 해도 소용없다는 것을 새삼 실감하게 되었을 것이다.

이때부터 우익·민족진영 인사들은 모두 각성하기 시작하였고, 각 부문 단체별로 준비된 인사들을 뽑아서 공산당을 비롯해 각급 행정·정권기관 단체에 비어있는 자리를 노리고 '열성 당원' 또는 '열성 맹원'으로 파고들기 시작했다. 이렇게 각급 기관 단체에 침투된 조직원들은 로동당의 신임을 얻기 위해 물불을 가리지 않고 땀 흘려가며 갖은 '충성심'을 다 보였다.

그리하여 수많은 핵심 조직원들이 '열성당원', 또는 '열성맹원'으로 신임을 얻게 되었고, 이렇게 하여 민족진영 핵심 조직원들의 영향력은 날이 갈수록 더욱 공고하게 다져지게 되었다.

특히 38선 접경지역에서 활동하고 있는 '열성당원'들은 자기 신변의 위험을 무릅쓰고 월남자들을 환영하면서 목적지까지 안전하게 안내하는 일에 물불을 가리지 않고 발 벗고 나섰다.

당시 남북을 왕래하던 루트 중에서 무엇보다도 놀랍고 특이한 것은 서해의 조수 간만의 차이를 이용하여 밀물이 밀고 들어오기 시작할 때 예성강 하구에서 출발하여 한강 하구로 해서 서울 마포까지 거침없이 드나들던 '한강 루트'였다.

이 '루트'는 해방 전 일제시대 때부터 황해도 남단에서 서울 마포까지 왕래하던 것이었는데 황해도 연백군 남단, 또는 예성강 하구 곳곳에서 대형 목선에 토탄(땅속에 묻힌 시간이 오래되지 아니하여 완전히 탄화하지 못한 석탄)을 가득 싣고 서해에 밀물이 밀고 들어오는 시간에 맞추어 그 밀물을 타고 한강 하구에서 서울 마포까지 들어왔다가 토탄을 모두 부려놓은 다음, 토탄값을 받아 다음날 다시 썰물을 타고 한강 하구에서 목적지까지 거침없이 왕복하며 사용하던 통로였다.

이렇게 '한강 루트'로 한번 들어올 때면 월남하는 사람들을 '배에서 일하는 인부처럼 변장'시켜 한 번에 10여 명씩 실어 나르곤 했다. 토탄 속에 파묻혀 서울에 들어온 위장 월남자들만 하여도 무려 1만여 명이나 된다.

그러나 1948년 2월, 북한에서 '조선인민군'이 창설되고 '내무성', '정치보위부'가 설치되는 등 각종 통제체계가 강화되면서 '한강루트'는 더는 사용할 수 없게 되었다.

북한에 각종 통제체계가 강화되면서 '한강루트'는 봉쇄됐지만 중·서부 전선의 '육상루트'는 계속 활발하게 운용되었다. 그중에서도 특히 서부 전선에는 민족진영의 핵심 조직원(열성 당원)들이 장악하고 있는 경비구역만 해도 10여 군데가 넘었고, 1개 경비구역에서 보통 '3~4개 루트'를 장악하고 있었기 때문에 '육상루트'로 월남시키는 공작은 1948년 이후에도 계속 활발하게 운용되었다.

당시까지만 해도 북한의 38 경비대에는 경비대원들도 얼마 없었고, 경비 초소 간의 간격도 대개 5리도 넘게 떨어져 있는 곳이 대부분이었다. 훗날 서울에서 '서북청년단'을 결성하고 반공 활동을 맹렬하게 펼쳤던 단원들도 거의 모두 서북계열의 '열성 당원'들과 연계를 하고 38선을 넘은 사람들이다.

4부

민족의 대이동

38선은 이렇게 우리 민족을 둘로 갈라놓았을 뿐만 아니라 공산당의 학정으로 말미암아 갈라진 민족을 또 남북으로 흩어지게 하여 수많은 월남자와 납북자, 그리고 그 가족들까지 1천만이나 되는 이산가족을 만들어냈다.

우리나라는 영토도 작고 인구도 3천만명 밖에 안 되는 작은 나라이다. 이렇게 작고 조용한 나라에서 조상 대대로 물려받은 재산을 모두 몰수당하고 죽지 않기 위해 수많은 과학자, 기술자들과 지주, 자본가, 중소 상공인들까지 무려 3백만이 넘는 사람들이 38선을 넘어 월남하게 하였다. 또 전쟁의 와중에는 1천만이나 되는 남쪽 사람들을 북쪽으로 강제 납북시켜 '민족의 대이동'이라는 엄청난 일이 벌어지게 했다.

1. 38선을 넘어온 과학자·기술자·교수·박사들

원래 우리나라는 영토도 작고 인구도 3천만밖에 안 되는 작은 나라이다. 그런데 이렇게 인구도 적고 영토도 작은 조용한 나라에서 '민족의 대이동'이라니 그 무슨 날벼락 같은 소리인가?

이 나라 역사에서 그런 수치스러운 일이 또 언제 있었단 말인가? 하지만 그것은 그 누구도 부인할 수 없는 엄연한 현실이었고, 처음부터 끝까지 북한 공산주의자들이 만들어 낸 작품이었다. 그렇다면 어떻게 되어 우리나라에서 그런 엄청난 일이 벌어지게 되었는가?

우리나라는 일본 제국주의자들의 침략을 받아 36년 동안이나 식민지 노예 생활을 강요당해 왔다. 일제 침략자들은 우리나라에 침략해 들어오자마자 제일 먼저 지질탐사작업부터 시작하여 북조선에 철광자원을 비롯해 각종 지하자원이 많이 매장되어 있다는 사실을 알아낸 다음, 무산광산을 비롯해 구성광산, 아오지탄광, 청진제철소, 황해제철소, 성진제강소, 강선제강소, 남포제련소, 문평제련소, 북중기계제작소, 문천기계제작소, 덕천기계제작소, 기양기계제작소 등 수 백 개의 중공업공장 기업소들을 갖추어 놓고 또 거기에다 동남아시아 침략전쟁에 필요한 무기를 생산하는 군수 생산기지를 꾸려 놓았다.

그리고 그 시설을 관리 운영하는데 필요한 인재들은 조선에서 머리 좋은 수재들을 발굴하여 일본으로 유학을 보내 각기 전공 분야별로 교수나 박사 학위를 취득하도록 해 돌아온 유학생들로 충당해왔다. 그랬기 때문에 우리나라가 해방될 무렵에는 고등교육을 받은 교수·박사·과학자·기술자들이 북한지역에 훨씬 더 많았던 것이 사실이다.

그런데 1945년 8월 우리나라가 해방되면서 일본사람들은 본국으로 다 도망쳐 버리고 그 많은 공장시설을 관리 운영해 오던 과학자·기술자들은 우리나라가 해방되자마자 갑자기 소련군대가 평양을 강점하는 것을 보고, 또 김일성 일당들이 빨간 완장을 차고 다니며 활개를 치는 것을 보고 깜짝 놀라 거기에서 환멸을 느끼면서 죽기를 각오하고 38선을 넘기 시작했다.

우리나라가 해방된 직후에 누구보다도 제일 먼저 38선을 넘어 월남한 사람들은 일본에서 유학하고 돌아온 과학자·기술자·교수·박사들이었다. 왜냐하면, 그들은 소련에서 지난 '1917년 10월혁명' 이후 '과거 부르주아 인텔리'에 대한 공산주의자들의 정책과 전술이 어떤 것인가? 하는 것을 익히 잘 알고 있었기 때문이었다.

즉, '과거 부르주아인텔리'들에 대한 공산주의자들의 전술은 공산체제 아래에서 새로 교육받고 자라난 '새 인텔리 대군'이 형성되어 세대교체가 이루어질 때까지 일시 이용하는 전술이다.

'새 인텔리 대군'이 해마다 몇천 명씩 각 대학 졸업생들이 배출되면서 일정한 기간에 걸쳐 형성되기 때문에 세대교체가 이루어질 때마다 과거 부르주아 인텔리들은 사상개조 대상으로 찍혀 점점 자리에서 밀려나 중노동이나 유해 노동분야에서 강제노동에 시달려야 했다.

그런데 그렇게 천대받게 된다는 것을 뻔히 알면서 북한에 그대로 남아있을 교수·박사·과학자들이 어디 있겠는가? 그래서 그때 벌써 누구보다도 제일 먼저 38선을 넘기 시작한 사람들은 일본에서 유학을 마치고 돌아온 유능한 과학자·숙련된 기술자들이었다. 서로 앞을 다투며 무작정 38선을 넘어 월남한 교수·박사·과학자들만 하여도 무려 50만 명이 넘었다. 우리나라에서 '민족의 대이동'은 바로 이때부터 시작된 것이다.

2. 38선을 넘은 지주들과 중소 상공인·지식인들

1945년 8·15해방이 되자 어깨에 소련군 대위 계급장을 달고 나타난 김일성은 소련군의 보호를 받으며 평양으로 돌아와 소련군대를 등에 업고 그해 10월 10일, '조선공산당 북조선 분국'(이하 북한 로동당)을 서둘러 창건하고 '북조선 임시인민위원회'를 비롯해서 중앙으로부터 하부 말단단위에 이르기까지 각종 행정 정권기관 단체들을 조직했다.

김일성은 1946년 3월 5일, '토지개혁법령'을 발포하고 바로 그 뒤를 이어 '중요산업국유화법령'까지 발표하면서 토지를 비롯한 공장·광산·산업·운수시설 등 지주 자본가들의 재산을 모두 몰수함으로써 이른바 공산주의식 '민주개혁'을 실시하였다.

때문에 조상 대대로 물려받은 재산을 모두 몰수당한 지주 자본가들은 공산 학정에 치를 떨면서 공산 치하에서는 더 살아갈 수가 없어서 죽지 않기 위해 38선을 넘어 월남하기 시작했다.

그뿐만 아니라 공산당의 몰수과정을 옆에서 지켜보던 양식 있는 지식인들과 선각자들까지도 공산당의 학정에 치를 떨며 38선을 넘게 되었고 중소 상공인들과 수공업자들 할 것 없이 일반 소시민들까지도 공산당의 악랄한 수법에 환멸을 느끼며 모두 38선을 넘어 월남하는 대열에 합류되었다.

38선을 넘은 많은 월남자 가운데에는 민족진영의 '열성당원'들과 연계를 하여 38선을 쉽게 넘은 사람들도 많았지만 그런 사실을 전혀 모르는 사람들은 별의별 고생을 다 하면서 38선을 어렵게 넘었다고 한다.

이렇게 해방 직후에 북한에서 실시된 '민주개혁'으로 말미암아 조상 대대로 물려받은 재산을 모두 몰수당하고 38선을 넘어 월남한 지주 자본가들과 양식있는 지식인, 중소 상공인, 소시민들만 해도 무려 3백만 명이 넘었다.

사태가 이렇게 되자 김일성은 38경비대 대원들에게 38선 경계를 강화하도록 조처하고, 38선을 넘어 도주하는 월남자들은 모두 그 자리에서 체포하도록 하고 체포할 수 없는 대상들은 발견되는 즉석에서 총살하도록 명령을 내렸다. 그때 38선을 넘다가 총에 맞아 죽은 사람만 해도 수 백 명이 넘었다.

3. 김일성의 긴급지령

"남조선에 내려가서 많은 인텔리들을 데려올 것에 대한 지령"

바로 그 무렵 북한에서는 해방 직후부터 공산당을 창건하고 중앙으로부터 하부 말단단위에 이르기까지 각종 '행정 정권기관' 단체들이 조직 설치되고 또 '토지개혁법령'과 '중요산업국유화법령' 발포하고 '민주개혁'을 실시함으로써 많은 공공기관 단체들을 운영하려니까, 당장 수많은 인재가 필요했는데 그때 이미 수많은 교수·박사·과학자들이 모두 월남해 왔기 때문에 북한에서는 그 어디에 가서도 유능한 인재들을 찾아볼 수가 없었다.

사태가 이렇게 되자 김일성은 1947년 7월 31일, 긴급 '중앙당 간부회의'를 소집하면서 거기에 대남공작원들까지 참여시켜 "남조선에 내려가서 많은 인테리들을 데려오라"라는 취지로 다음과 같이 역설했다.

"지금 새 민주 조선 건설에서 직면하고 있는 가장 큰 난관의 하나는 인테리가 매우 부족한 것입니다. 인테리가 부족하므로 산업·운수시설을 복구 정비하고 관리 운영하는 데 많은 지장을 받고 있으며 교육과 문화·예술을 발전시키는 데에서도 애로를 느끼고 있습니다.

김일성 종합대학을 설립하기 위한 준비 과정을 봐도 인텔리가 없어서 아직 교원 문제를 해결하지 못하고 있습니다. …(중략) 당면하여 부족한 인텔리 문제를 해결하기 위해서는 북조선에 남아 있는 지식인들을 빠짐없이 찾아내는 한편 남조선에 내려가서 많은 지식인들을 데려와야 하겠습니다."

『김일성저작선집』 4권, 1947년 7월 31일 '남공작원들과의 담화'

김일성의 이같은 긴급지령이 떨어지자 각 대남공작 부서들에서는 대남공작원들에게 1947년 12월 1일, 화폐개혁 당시 회수한 구 화폐(남한에서 그대로 사용하고 있는, 일제때 발행한 조선중앙은행권)를 한 가방씩 짊어지고 서울대학교를 비롯한 고려대학교, 연세대학교 등 각 대학에서 교수·박사들을 매수, 포섭해서 월북시키고 월북을 기피 하는 자들에 대해서는 끝까지 따라가서 납치하는 공작 그리고 서울 시내 곳곳에 실직상태에 있는 교수·박사들을 포섭하는 공작을 대대적으로 벌였다. 그 유명한 도상록 박사와 정평수 박사도 바로 그때 매수 포섭되어 월북한 교수들이다.

그때에는 서울대학교를 비롯해 고려대학, 연세대학 할 것 없이 가는 곳마다 교수나 박사들을 매수 사냥하는 공작이 대대적으로 펼쳐졌기 때문에 해방 직후 38선을 넘어 월남한 교수 ·박사·과학 자들은 오히려 몸을 움츠리고 숨어다녀야 했다. 그 당시에는 그런 공작만 있었던 것이 아니라 김일성의 특별지령을 받고 거의 합법 적으로 수행한 특수공작도 적지 않았다.

1947년 12월 중순, 김일성으로부터 특별임무를 부여받은 연락 부 공작원 허인규는 이미 구상된 전술에 따라 해방 직후 평양에서 월남한 교수·박사들의 명단과 사진 등 필요한 자료들을 가지고 개 척된 루트를 타고 서울로 침투했다.

일단 서울대학교 주변에 자리를 잡은 다음, 매일 아침저녁으로 월남자들의 사진을 쭉 펼쳐놓고 학교에 드나드는 교수나 박사들 을 유심히 살폈다. 워낙 대상들이 많다 보니 사진과 똑같은 얼굴 을 아주 쉽게 찾아낼 수 있었다. 다음날부터는 대상들이 사는 집 에까지 미행하여 따라가 보았다.

교수들 대부분이 학교에서 멀지 않은 빈촌에서 살고 있었다. 주 변 복덕방을 통해 알아보니 신통하게도 모두가 셋방살이를 하는 대상들이었다. 그래서 그중 제일 만만한 대상을 하나 골라서 공작 하기로 하고 하루는 그 뒤로 따라붙으면서 말을 걸었다.

"아, 이 교수님! 그동안 안녕하셨습니까? 허인규라고 합니다. 자 주 찾아뵙지도 못하고 인사드리지 못해서 죄송합니다."

"누구신데 저한테 이렇게…"

"전에 한 번 만나 본 적이 있었지요, 그땐 너무 바빠서 인사도 제대로 하지 못했는데 오늘은 어떻습니까? 시간 좀 내실 수 있겠 습니까?"

"네, 시간은 괜찮습니다마는….“

"그럼 오늘 우리 저녁 식사나 같이하면서 이야기 좀 해 볼까요?“

하면서 미리 정해둔 식당으로 데리고 가 푸짐하게 한 상 차려놓고 저녁을 먹으면서 대화를 이끌었다.

"이 교수님은 요즘 생활하기가 어떠십니까? 모두들 어렵다고 하던데….“

"저라고 왜 어렵지 않겠습니까? 얼마 안 되는 월급을 가지고 집세부터 내고 이것, 저것 다 쪼개 쓰다 보면 뭐 남는 게 있어야지요.“

"오늘 이렇게 만나고 보니까 지난번에 기회를 놓친 것이 매우 아쉬운데 우리 까놓고 이야기합시다. 이 교수님도 평양에서 내려오셨지요?“

그러자 깜짝 놀라며 말했다.

"네, 해방되자마자 금방 내려왔습니다. 그때 내려와서 서울대학교에 들어와 지금까지 교수로 있습니다.“

"그러니까 이 교수님은 고생을 사서하고 계시는 겁니다. 그때 월남하지 않고 그냥 평양에 계셨더라면 부모님을 모시고 아주 높은 대우를 받아가며 행복하게 잘 살 수 있었을 텐데, 왜 월남을 해서 이 고생을 하십니까?“

"그럼! 허 선생님께선….“

"단도직입적으로 말해서 저는 이 교수님 같은 분들을 데리러 온 사람입니다.“

"그럼 저 같은 사람을 붙잡으러 오신거로군요?"

"붙잡으러 온 것이 아니라 모시러 온 사람입니다.

가족들과 떨어져서 이게 무슨 고생입니까?"

"저 같은 사람 이제 가면 벌 받을 거 아닙니까? 월남했었다는 죄 때문에….'

"물론 조사는 받겠지요. 그러나 모든 것은 이 교수님이 어떻게 처세하느냐 하는 데 따라서 달라질 겁니다. 이번에 당에서는 이 교수님 같은 분들에게 다시 소생할 기회를 주신 겁니다. 과거의 잘못을 뉘우치고 당 앞에 충성을 다 한다면 일체 과거를 문제 삼지 않겠다는 것입니다.

그러니까 이 교수님은 이번 기회에 자기 자신뿐만 아니라 주위의 친근한 교수 박사들을 데리고 함께 들어가도록 하는 것이 더 좋을 겁니다. 한 명도 좋고, 열 명도 좋고, 많을수록 더 좋습니다."

"…"

"여기는 지금 많은 교수가 실직상태에서 생계에 위협을 받는 사람이 많지만, 이북에는 지금 김일성 종합대학을 비롯한 각 대학에 교수 자리가 텅텅 비어있습니다. 그리고 각 중앙의 공공기관들에서도 유능한 지식인들을 기다리고 있습니다.

아주 높은 대우를 해 주면서 말입니다. 그러니 이 얼마나 좋은 기회입니까?"

" …! "

"이 교수가 이번에 어떤 열매를 맺느냐 하는 데 따라서 이 교수에 대한 당의 조치도 달라질 것입니다."

그러면서 100원짜리 100장 묶음 20다발을 내밀었다. 그러자 이 교수는 깜짝 놀라며 물었다.

"아니, 이렇게 많은 돈을 날 보고 다 어쩌라는 겁니까?"

월남까지 한 자기를 믿고 이 어려운 일을 맡겨주는 데 대하여 긍지를 가지고 헌신적으로 해 보겠다는 결의를 다지는 것 같았다.

아니나 다를까? 이 교수는 2년 전에 월남했던 자기의 잘못을 뉘우치면서 이번 기회에 당의 신임을 얻기 위해 주위의 친근한 교수와 박사들을 매수, 포섭하는 공작에 전력을 기울이고 있었다.

헤어진 지 1주일밖에 안 되었는데 활동비가 다 떨어졌다고 더 달라고 하는 걸 보니 대학에서 강의하는 시간 외에는 교수들을 포섭하는 공작에 전력을 다하고 있는 것이 틀림없었다.

"그래, 그동안 몇 명이나 포섭하셨습니까?"

"어제 저녁때까지 모두 12명을 포섭했는데 활동비가 다 떨어져서 더 접촉하지 못했습니다."

"아! 그렇게 되었군요. 그럴 줄 알았으면 미리 더 드릴 걸 그랬습니다."

그러면서 백 원짜리 100장 묶음 20다발을 더 내밀었다. 그랬더니 이 교수는 돈만 있으면 얼마든지 포섭할 자신이 있다는 태도를 보이며 헤어질 때 10다발만 가방에 넣어서 일어섰다.

헤어진 다음 허인규는 공작금을 더 보내라고 평양에다 무전을 쳤다. 이와같이 화폐개혁 당시 회수한 돈을 가지고 내려와 물 쓰듯이 뿌려가며 월남한 교수들을 매수 포섭하고, 그들에게 수완과 능력에 따라 주위의 교수 박사들을 규합하고 수많은 교수 박사들을 매수 포섭하여 월북시켰다.

그리고 월북을 꺼리는 대상들은 끝까지 따라가 납치해서 강제로 납북시켰다. 또 그 당시 실직상태에 있는 교수·박사들은 아주 싼값으로 매수하여 줄줄이 월북시켰다. 이렇게 월남한 교수 한 명만 매수 포섭해도 그 주변에 있는 수많은 교수·박사들을 무더기로 포섭해 월북시킬 수 있었다.

그런데 바로 그 무렵인 1948년 4월 초, '미 군정 당국'은 북한에서 1947년 12월 화폐개혁을 단행하면서 회수한 구화폐를 무더기로 갖고 내려와 대남공작에 대량 살포하고 있다는 정보를 입수, 남한에서도 구화폐를 1948년 4월 25일 이후로는 사용할 수 없도록 조치함으로써 대남공작원들도 더 이상 금품공작을 할 수 없게 되었다.

4. 강제로 끌려간 남한의 저명인사들

전쟁이 한창 가열하게 전개되던 1950년 9월 20일, UN군의 '인천상륙작전'으로 말미암아 전세가 기울어지게 되자 김일성은 어쩔 수 없이 전체 인민군부대들과 국가 공공기관 단체에 후퇴명령을 내리면서 동시에 서울을 비롯한 모든 철수지역에서 정계, 학계, 사회계 저명인사들을 닥치는 대로 납북시키라는 별도 지시를 하달했다.

1950년 9월 20일, 김일성의 후퇴명령

"전체 인민군부대들과 국가 공공기관 단체들은 모두 지체없이 후퇴할 것, 그리고 서울을 비롯한 모든 철수지역에서 정계·학계· 사회각계 저명인사들을 닥치는 대로 납북시킬 것"

1950년 6월 25일 새벽 5시를 기해 기습 남침을 감행한 당시, 강제 징집된 의용군들은 제대로 훈련도 받지 못하고 무작정 끌려 내려갔기 때문에 그저 총 잡은 바지저고리나 다름없었다. 하지만 국군이 조금도 저항하지 못한 채, 포탄 한 발 쏴보지도 못하고 파죽지세로 밀려 내려가기만 했기 때문에 전쟁을 도발한 지 2개월도 안 되어 낙동강까지 진격해 내려갔다.

그러나 불과 1개월도 지탱하지 못하고 UN군의 '인천상륙작전'에 밀리어 다시 압록강까지 후퇴하고 말았다.

사태가 이렇게 되자 김일성은 그렇게 밀려 후퇴하면서도 서울을 비롯한 모든 철수지역에서 정계·학계·사회각계 저명인사들을 10만여 명이나 강제로 납북시켜 끌고 들어갔다.

다른 한편으로 김일성은 압록강을 건너가면서 모택동에게 "도와달라."고 간청하였다. 모택동은 100만 명의 중국지원군을 모집하여 1950년 10월 25일 한국 전쟁에 개입시켜 '인해전술'을 펼쳤다.

김일성은 모택동의 도움으로 압록강을 다시 건너와 수원과 원주 경계선까지 남하할 기회를 얻게 되었다. 그러나 중공군의 개입목적 자체가 38선 부근 원위치에 방어선을 고착시키는 것이었지 김일성의 남침야욕대로 더는 남쪽으로 밀고 내려가는 것이 아니었다.

 여기에서 그만 김일성이 크게 실망하게 되었고 조선인민군 최고사령부와 중국지원군 사령부 사이에 의견충돌이 발생하게 되었다. 즉, 인민군 최고사령부에서는 수원, 원주 경계선의 점령지역을 기필코 사수하자는 것이었고, 중국지원군 측에서는 현 병력을 38선 부근 원위치까지 철수하자는 것이었다.

 그 후 끈질긴 접촉과 협상을 계속 보았지만, 도저히 합의를 할 수 없게 되자 할 수 없이 중공군 측에서 일방적으로 철수해 버렸다. 그로 말미암아 결국 김일성의 남침야욕은 수포로 돌아가고 말았다.

 김일성은 UN군의 반격으로 후퇴하게 된 긴박한 환경 속에서도 서울을 비롯한 모든 철수지역들에서 정계·학계·사회 저명인사들을 10여만명이나 강제로 납북시켰다. 그 목적은 남한에 저명한 인재들을 고갈시키는 한편, 단 한 명이라도 전향시켜 장차 있을 수 있는 '대남 심리전'과 '대남 위장평화 공세'에 이용하고 다른 한편으로는 그들의 재능과 지식을 북한의 사회주의 건설에 활용하고 최종적으로는 남조선혁명과 조국 통일 투쟁에 유용하게 활용하려는데 있었다.

 그러나 그것은 처음부터 마지막까지 김일성의 주관적인 욕망이었고 김일성의 뜻대로 이루어진 것은 아무것도 없었다.

 이렇게 우리나라 역사에 있을 수 없는 '민족의 대이동'은 처음부터 마지막까지 북한공산주의자들이 연출한 '작품'이었다.

5부

반당 종파분자로 숙청된 사람들

북한공산주의자들은 해방 후 1945년 10월 10일 '조선공산당 북조선분국(이하 조선로동당)'을 창당하면서 북한 사회의 민주주의적 발전을 위하여 다당제를 시행한다고 선포하였다. 그러나 그것은 어디까지나 로동당 일당독재 체제를 은폐하기 위한 위장 전술이었다. 해방 후 북한에서는 조선민주당을 비롯한 근로농민당, 인민당 등 각종 정당을 조직하기도 하고 1년, 2년 해가 바뀌면서 여당과 야당 사이에는 서로 견제하고 서로 침투하는 정치공작도 멈추지 않았다.

　그리고 조선로동당 내에서도 김일성 일파와 연안파, 소련파 등 그 계파가 각양각색으로 존재하였고 계파 간의 갈등이 심했던 것도 사실이다. 그중에서도 김일성파가 무시할 수 없었던 계파는 연안파였다.

　김일성은 만주 일대에서 항일 빨치산투쟁을 했다는 것을 업적으로 내세우고 있지만, 연안파는 김일성파와 별도로 중국 연안에서 독립운동을 하던 세력이 중심이 되어 형성된 계파이고. 또 소련파는 연안파와는 달리 소련공산당과 연계를 하고 조·소 국경지대를 거점으로 하여 광복운동을 별도로 했다는 세력을 중심으로 형성한 계파이다.

그 후 북한의 대남공작이 점차 확대 강화되면서 투쟁에서 검열되고 단련된 남로당원들을 북한으로 소환해 강동학원에 입교시킨 다음, 충분한 교육과정을 거쳐 혁명가로 육성해서 재남파시키곤 했다.

이렇게 수많은 남로당원이 여러 차례에 걸쳐 남북을 왕래하는 과정을 통하여 남로당원들 사이에서도 스스로 박헌영파와 반 박헌영파로 분리되게 되었다.

1952년 12월 박헌영파를 제거하기 위한 당 대열 정비작업이 벌어졌는데 이것이 그 소리도 듣기 섬뜩한 '남로당 숙청작업'이었다.

1. 박헌영 일파로 숙청된 남로당원들

　북한 공작원들에게 포섭되어 공작원들과 연계하고 남조선혁명을 추진하다가 북한으로 소환되어 강동학원에서 충분한 교육과정을 거쳐 혁명가로 육성되어 재남파된 남로당원들 가운데에는 김일성으로부터 인정을 받은 남로당원들도 많았지만 반대로 끝까지 박헌영파로 몰려 따돌림당한 간부들도 적지 않았다.

　해방 후 남한에서 남로당 활동이 한창 활발하게 전개되고 있던 당시 일제시대에 반일운동을 했다는 개별적 공산주의자들이 저마다 남로당에 들어와 남로당의 지도부를 장악하려고 했을 때 박헌영도 남로당의 주도권을 잡기 위해 수단과 방법을 가리지 않았다.

　박헌영은 일제시대에 공산주의 운동을 하다가 일경에 붙잡혀 감옥살이도 여러 번 했다는 소문도 자자하게 퍼져있었기 때문에 긍정적으로 생각하는 사람도 적지 않았던 것이 사실이다.

　그래서 박헌영이 더욱더 큰 의욕을 가지고 날뛰었는지도 모른다.

　그 후 박헌영은 활동자금이 없어서 자금에 쪼들리다 못해 자금 문제를 해결하겠다고 손수 나서서 일을 저지른 것이 1946년 초에 있었던 '정판사위조지폐사건'이었다. 이렇게 갑자기 '정판사위조지폐사건'이 터지자 미 군정은 박헌영을 체포하기 위해 전국에 수배령을 내렸다.

　박헌영은 전국 곳곳으로 피해 다니며 도피생활을 하다가 나중에는 갈 데도 없고 해서 할 수 없이 북한으로 도망쳤다. 박헌영이 이렇게 갑자기 북한으로 잠입하자 김일성은 그를 환영하면서 너그럽게 받아들이고 박헌영에게 내각 부수상 자리 하나를 내주었다.

그 후 6·25전쟁이 일어나고 인민군부대가 낙동강까지 남진했다가 UN군의 '인천상륙작전'으로 말미암아 다시 압록강까지 후퇴하고, 1950년 10월 25일, 중공군의 개입으로 38선 부근 원위치에 방어선이 고착되기까지 남쪽으로 내려갔다. 다시 압록강까지 후퇴했을 때 남쪽에 남아있던 박헌영 일파들도 모두 후퇴해 그를 찾아다녔다.

이렇게 측근들이 후퇴해 자기를 찾아다닌다는 소문을 듣자 박헌영은 내각 부수상으로서 자기 책무를 다할 대신에 압록강까지 후퇴하여 자기를 찾아다니는 자기파들을 규합하느라고 정신없이 날뛰었다. 그러다가 한 방 맞게 된 것이 '남로당 숙청작업'이었다.

1952년 12월 당 대열 정비작업 준비가 거의 마무리될 무렵, 북한은 로동당 중앙위원회 제5차 전원회의를 소집하고 김일성은 '당의 조직적 사상적 강회는 우리 승리의 기초'라는 제하의 보고를 하였고 전원회의가 끝나자 5차 전원회의 보고 정신에 따라 당 대열 정비작업이 전개됐는데 이것이 바로 박헌영 일파를 제거하는 남로당 1차 숙청작업이었다.

필자는 당시 금강학원에 다니고 있었고 나이가 너무 어려(17세) 남로당과 관련이 없다는 것이 인정되어 위기를 모면할 수도 있었고, 또 직접 옆에서 목격할 수 있었지만 남로당 숙청작업은 정말 소름이 끼칠 정도로 무자비하고 잔인했다.

숙청된 남로당원들은 종파수용소로 끌려가면서도 "내가 무엇을 잘못했다고 그러느냐?"라고 반항하면서 손가락을 깨물어 혈서를 쓰고 자결하는 사람들도 있었다. 또 다른 한편으로는 '태백산 빨치산의 노래'를 부르며 집단으로 반대시위를 벌이는 사람들도 있었다.

그러나 아무리 떳떳하고 정당한 일이라 할지라도 칼자루는 쥐고 있는 편에서 휘두르게 되어 있는 법, 도저히 당해 낼 수가 없는 것이 당시 박헌영 일파의 피치 못할 운명이었다. 물론 숙청작업에 동원되어 칼자루를 쥐고 행세하는 개별적 지도그룹 성원들의 수준과 능력, 그리고 그들의 야심에 따라서 억울하게 숙청당한 남로당 간부들이 수없이 많았다고 하지만 그것은 차후 문제이고, 우선 박헌영 일파의 반당적 종파 행위에 대한 당 중앙위 방침은 그만큼 단호하고 명백했다.

그때 숙청되어 종파수용소로 압송된 남로당 간부들만 해도 무려 3만 명이 넘었고 반동분자로 좀 경하게 비판받고 숙청되어 각 공장, 농어촌 등에 중노동 유해노동부문이 배치된 남로당원들도 20만 명이 넘었다.

2. 반당종파분자로 숙청된 연안파와 소련파들

　1953년 6월 남로당 1차 숙청작업이 거의 매듭지어지자 당 대열을 정비하는 작업은 바로 연안파와 소련파를 제거하는 작업으로 이어졌다.

　김일성이 제시하는 당 정책이라면 무조건 반대에 나서는 종파가 연안과 세력이었다. 연안파에 대해서는 진작부터 손을 보려고 하던 참이었는데 갑자기 박헌영 일파를 제거하는 작업이 급물살을 탔기 때문에 어쩔 수 없이 뒤로 밀려났다.

　남로당 1차 숙청작업이 1952년 12월부터 시작되어 대체로 1953년 6월까지 마무리된 데다가 같은해 7월 27일 휴전협정이 체결되고 3년간의 전쟁이 막을 내리고 전 전선에 울려 퍼졌던 포성도 맞게 되자 당 중앙위원회는 '전후복구건설 3개년 인민경제계획'을 발표했다. 그것은 '중공업을 우선적으로 발전시키고 경공업과 농업을 동시에 발전시킨다'는 것을 기본 내용으로 하는 사회주의 공업화의 시작을 알리는 첫 신호였다.

　이렇게 '중공업의 우선적 발전을 골자로 하는 경제계획'이 발표되자 연안파세력들은 기다렸다는 듯이 "중공업의 우선적 발전이라니. 지금 인민들은 배가 고파 죽겠다고 아우성치는데 기계에서 빵이 나오나?"라며 반대하고 나섰다.

　그리고 1954년 4월에 '농업협동화방침'이 제시되었을 때에도

"농촌경리의 기술적 개건에 앞서 어떻게 경리형태를 사회주의적으로 개조하겠다고 그러느냐? 소련에서도 그런 경험은 없었다"라며 반대의 목소리를 높였다.

'전후복구건설 3개년 인민 경제계획'과 '농업협동화 방침'은 처음부터 이러한 반대에 부딪혀 순조롭게 이루어질 수가 없었다.

그러나 연안파와 소련파를 비롯한 각종 반당 종파세력들은 수적으로 너무도 열세해 있었기 때문에 별 효과를 거두지 못하고 훗날 1958년 8월 사회주의 혁명이 순조롭게 완수되면서 연안파와 함께 모두 숙청되고 말았다.

3. 숙청된 사람들의 예정된 말로

북한에서 반당종파분자로 숙청되었다고 하면 그 사람은 자기 일생을 다 살은 폐인으로 치부되기가 일쑤다. 그러나 숙청되었다고 해서 다 그렇게 취급되고 있는 것은 아니다.

물론 악질 반동으로 숙청된 대상들은 다시 구제될 수 없겠지만 피동분자로 몰려 좀 경하게 비판받고 숙청된 대상들에 대해서는 다시 소생할 수 있는 길이 열린 예가 많았던 것도 사실이다.

때문에 당 중앙은 반당종파분자로 숙청하면서도 숙청되는 대상들을 사상적으로 분류하여 도저히 용납할 수 없는 엄중한 주동분 자들은 모두 종파수용소로 압송해 버리고 조금이라도 뉘우치는 빛이 있어 보이는 피동분자들에 대해서는 관용을 베풀고 그들에 게 당과 수령을 위해 충성할 수 있는 기회를 다시 열어주기도 했 다. 왜냐하면, 북한에는 절대 인력이 부족하고 전문 인재가 모자 랐기 때문에 그들의 재능과 기술을 사회주의 건설에 최대한 활용 하기 위해서는 각별한 조치가 필요하기 때문이다.

실제적으로 반당종파분자로 숙청됐던 대상들에게 재기할 수 있 는 기회를 열어주고 그들에게 다시 혁신을 일으켜 당과 수령에게 충성으로 보답하게 함으로써 아주 충실한 열성당원으로 개조한 예도 무수히 많은 것이 사실이다. 이렇게 실천 활동을 통하여 몇 차례에 걸쳐 검열과정을 거친 대상들에 대해서는 그들의 나이와 재능, 장래 전망을 고려해서 대남공작원으로 선발하여 대남공작 원으로 활용하는 예도 허다하다.

특히 대한민국에서 반정부 투쟁을 전업으로 해온 남로당원들은 숙청된 다음, 각 공장이나 농어촌에 배치되어 사상단련을 받아오 다가 몇 차례 검열과정을 거치게 되면 거의 모두가 순차적으로 대 남공작원으로 선발되어 활용되곤 했다.

그뿐만 아니라 반당종파분자로 숙청된 연안파, 소련파들도 몇 차례에 걸쳐 검열과정을 거치게 되면 공작원으로 선발되어 695 군부대(공작원 양성기지)에 배치되어 충분한 교육과정을 거쳐 이 른바 혁명가로 육성되기만 하면 얼마든지 공작원으로 활용될 수 있었다.

6부

납북자들의 실태

1945년 해방 후부터 전쟁이 끝날 때까지 북한에서 남한으로 월남해 온 사람도 많았지만, 남한에서 북한으로 강제로 끌려간 납북자들이 더 많다. 그런데 해방 후 38선을 넘어 월남한 사람들은 모두가 자기의 의사에 따라 자기 스스로 38선을 넘어 월남해 온 것이지만 남한에서 북한으로 끌려간 사람들은 모두 북한 공산주의자들에 의해 강제로 납북된 사람들이라는 점에서 차이가 있다.

북한 당국자들이 남한의 각계각층 저명인사들을 강제로 납북시킨 목적은 남한의 각계각층 저명한 인재들을 고갈시키는 한편, 남한의 각계인사들을 강제로 북한의 '사회주의 건설'에 이바지하도록 이용하다가 마지막에는 '남조선혁명'과 '조국 통일'을 위한 그 소모품으로 활용하자는 데 있었다.

북한으로 강제 납북된 남한 출신들은 각자 재능과 소질에 따라 전공 분야별로 북한의 '사회주의 건설'에 이바지하다가 북한 사회에서 새로 교육받고 자라난 '새 인텔리 대군'이 형성된 다음에 세대교체가 이루어지게 되면 그 자리에서 밀려나게 되고 마지막에는 나이도 고령화되어 '남조선혁명'과 '조국 통일'을 위한 대남공작원으로 이용당할 수밖에 없다.

말해서 북한으로 끌려간 납북자들은 모두 강제로 끌려간 것이고 또 거기에서 사는 동안, 남한 출신들은 필자 자신도 그러했지만, 북한 사회에 대해서 좋은 인상을 느껴본 사람은 아마 단 한 사람도 없었을 것이다. 그만큼 북한 공산주의자들이 잔인하고 무자비하며 간악하기 때문이다. 그래서 북한으로 끌려간 납북자들의 말로는 거의 모두가 비참하게 막을 내리게 된 것이다.

1. 정계인사들의 비참한 최후

납북된 각계 저명인사들 가운데서 누구보다도 가장 처참하게 최후를 마친 사람들은 바로 정계인사들이다.

북한 당국자들이 정계인사들을 강제로 끌고 들어간 목적은 그 많은 정계인사 중에서 단 한 사람이라도 전향시켜 장차 있을 수 있는 '대남 심리전'과 '대남위장평화 공세'에 효과적으로 이용해 보자는데 있었고 다음으로는 당면한 북한의 사회주의 건설에 이바지하도록 하려는 데 있었다.

전쟁이 한창 치열하게 전개되던 1950년 9월 UN군이 인천에 상륙하자마자 북한군은 김일성의 특별명령에 따라 서울 등에서 철수하며 가택수사까지 벌여 김규식 박사를 비롯해 안재홍, 엄항섭, 조소앙, 오하영 씨 등 국회의원들과 50여 명의 야당 인사들까지 강제로 납북시켰다.

북한 당국자들은 그 많은 정치인 가운데서 단 한 사람이라도 전향시켰으면 하는 기대를 하고 처음에는 고급 대우를 해 주면서 회유도 하고 다른 한편으로는 협박도 가하면서 별의별 수단과 방법을 가리지 않고 다 써보았다.

그러나 납북된 정계인사들 가운데 북한의 그 어떤 회유에도 넘어가서 '위장평화 공세'에 이용당한 사람은 한 사람도 없었다. 정계인사들은 오히려 묵비권을 행사하며 단식투쟁으로 완강하게 맞서 싸웠다. 그도 그럴 것이 북한 공산주의자들이 정계인사들에게 세뇌교육을 한다는 내용 자체가 고작 '김일성 주체사상'과 '김일성의 위대성', '로동당의 혁명 전통' 그런 것들이었으니 그것을 액면 그대로 받아들일 정치인이 과연 있을 수 있었겠는가?

이렇게 별의별 수단과 방법을 써보아도 아무런 효과도 거둘 수 없게 되자 북한 당국자들은 1958년 8월에 정제인사들을 각각 분산시켜 감금시켰다.

그 후 1960년 4월 대한민국에서 4·19혁명이 일어나자 북한 당국자들은 거기에 또 한 가닥 희망을 걸고 '조국평화통일위원회라는 위장단체를 조작해 안재홍, 오하영, 박철규 등을 대동강변 특별초대소에 각각 밀봉해 1948년 4월, '남북 제정당 사회단체 연석회의' 당시에 자진 월북했던 이극노와 함께 '조국평화통일위원회' 의장단 성원으로 강제 기용시켰다. 그러나 당시에 이극노와 손을 잡은 정계인사는 단 한 사람도 없었다.

2. 납북된 교수·박사들의 수난

북한으로 납북된 교수·박사들 가운데에는 40년대 평화건설 시기에 김일성의 '긴급지령'에 따라 북한의 '인재 난'을 타개하기 위한 수단으로 남한에서 금품으로 매수 포섭, 또는 강제로 납치해서 끌고 간 교수, 박사들이 있고 또 6·25전쟁 1차 후퇴 시기에 정계·사회각계 저명인사들과 함께 납북된 학계 인사들도 많았다.

그렇다면 북한에 무슨 인재가 얼마나 부족했기에 그 많은 교수와 박사들을 납치까지 하면서 강제로 납북시키고, 또 6·25의 와중에서도 그 많은 학계 인사들을 강제 납북시킨 것일까?

원래 해방되기 직전에는 남쪽보다 북쪽에 고등교육을 받은 교수·박사·과학자·기술자들이 더 많았던 것이 사실이다. 왜냐하면 일본 제국주의자들이 우리나라를 침략하자마자 제일 먼저 지질탐사 작업부터 시작하여 북조선지역에 철광자원을 비롯해 각종 지하자원이 많이 매장되어 있다는 사실을 알아낸 다음, 북조선지역에 무산광산을 비롯해 구성광산, 아오지탄광, 청진제철소, 황해제철소, 성진제강소, 강선제강소, 남포제련소, 문평제련소, 북중기계제작소, 문천기계제작소, 덕천기계제작소, 기양기계제작소, 룡성기계제작소, 흥남비료공장 등 수 백 개의 중공업 공장과 기업소들 설치는 물론 동남아시아 침략전쟁에 필요한 무기를 생산하는 군수 생산기지를 꾸려놓았다.

그리고 모든 시설을 관리 운영하는데 필요한 과학자, 기술자들은 조선에서 우수한 수재들을 발굴해 일본에 유학을 보내 각기 전공 분야별로 박사학위를 취득해 돌아오도록 하여 유학생들로 충당했다. 그랬기 때문에 북조선지역에 교수·박사·과학자들이 무척 많았던 것이 사실이다.

그런데 그 많은 교수·박사·과학자들이 해방 직후에 소련군대가 평양을 강점하는 것을 보고, 그리고 김일성 일당이 빨간 완장을 차고 다니며 활개를 치는 것을 보면서 그만 거기에서 환멸을 느끼며 죽기를 각오하고 누구보다도 제일먼저 38선을 넘어 월남하기 시작한 것이다.

왜냐하면 그들은 벌써 '1917년 10월혁명' 이후 소련의 역사적 경험을 통해 공산주의자들의 '부르주아 지식인' 정책과 전술을 익히 잘 알고 있었기 때문이었다.

그리고 그 뒤를 이어 1946년 3월, '토지개혁법령'과 동시에 '중요산업국유화법령'이 발표되고 소위 '민주개혁'이 실시됨으로써 수많은 인재가 당장 필요했는데 해방 직후부터 많은 과학자, 기술자, 교수 박사들이 이미 거의 월남해 왔기 때문에 북한에서는 유능한 인재들을 어디에서도 찾아볼 수가 없었다.

사태가 이렇게 되자 김일성은 1947년 7월 31일, 긴급 '중앙당 간부회의'를 소집하고 거기에 대남공작원들까지 참여시켜 "남조선에 내려가서 많은 지식인들을 데려오라."라는 특별지령을 내렸다.

김일성의 특별지령이 떨어지자 대남공작부서들에서는 1947년 12월 '화폐개혁' 당시 회수한 '돈'(남한에서 그대로 사용하고 있는 조선중앙은행권)을 공작원들에게 한 가방씩 안겨서 남파시켜 교수, 박사, 과학자들을 매수, 포섭하는 공작을 대대적으로 펼쳤다.

그래서 당시 실업 상태에 처해있던 교수·박사들까지 포함하여 금품으로 매수, 포섭하여 납북시킨 교수·박사·지식인들이 무려 50만 명이 넘었다.

그러다가 1948년 4월 초, 미 군정 당국이 북한에서 '화폐개혁' 당시 회수한 구화폐를 대남공작에 대량 살포하고 있다는 정보를 입수하고 남한에서도 구화폐를 1948년 4월 25일까지만 사용하고 그 이후로는 사용할 수 없도록 조처함으로써 대남공작원들도 더는 금품공작을 할 수 없게 되었다.

많은 교수와 박사들이 납북되어 오자 김일성은 그들에게 파격적인 대우를 해주면서 김일성대학 교수로부터 김책공업대학 등 각 대학에 교수 자리들을 모두 채우고 중앙 행정 부처를 비롯한 국가 공공기관 단체에 비어있는 자리까지 다 채워 넣음으로써 다급했던 인재 부족난을 다소 해결하게 되었다.

이렇게 배치된 납북교수와 박사들은 각기 나름대로 자부심을 느끼고 자기의 성과 열을 다함으로써 북한의 정치·경제·과학·교육·문화·예술 등 각 분야에서 북한 사회를 발전시키는데 크게 이바지하게 되었다.

그러나 그 후 북한의 각 대학에서 해마다 새로운 졸업생들이 배출되어 '새 지식인 대군'이 형성되고 분야별로 세대교체가 이루어짐에 따라 납북교수들은 점점 교수 자리마저 지키지 못하고 밀려나 설 자리마저 잃게 되었다. 결국에는 나이도 고령화되어 대남공작원으로 선발되어 결국은 '남조선혁명'의 희생물로 이용되고 말았다.

'남조선혁명'을 위한 대남공작원이라는 자리밖에 없으므로 목숨이 붙어있는 한 희생물로 이용당할 수밖에 없었다.

왜 그럴까? 북한 사회에는 모두 국유화되어 있고, 심지어 주택까지 국유화되어 있으므로 그 누구도 돈을 벌어서 부를 누릴 수 없게 되어있다. 그러니까 누구를 막론하고 굶어 죽지 않기 위해서는 무조건 당에서 시키는 대로 따를 수밖에 없다.

3. 납북된 사회계 저명인사들의 비극

1950년 9월 20일, 김일성의 후퇴명령에 따라 서울을 철수하면서 정계인사들과 함께 강제로 납북되었던 사회각계 저명인사들은 남한에서는 저명인사이지만 북한에서는 출신성분이 나쁘므로 특별관리 대상에 속한다. 노동계급 출신은 하나도 없고 모두가 지주·자본가 또는 중소 상공인 출신들이기 때문이다.

그러나 그들은 모두 고등교육을 받은 지식인들이기 때문에 북한으로 끌려 들어가서도 당장 시급한 대로 북한의 중앙 행정 정권기관과 각 도·시·군급 행정 기관, 그리고 공장·기업소 관리직에 배치되어 일하면서 그들도 자기 지식과 재능에 따라 북한 사회를 발전시키는데 일정하게 이바지할 수 있었다.

그러나 그들 역시 새로 자라난 '새 인텔리대군'에 의해 세대교체가 이루어지면서 모두 자리에서 밀려나고 정년퇴직할 나이가 되어 결국은 대남공작원으로 이용되는 길밖에 없었다.

그러니까 결국 사회각계 저명인사들을 비롯한 모든 남한 출신들은 남파간첩이 되는 것이고 그 공작대상인 가족들은 고정간첩이 되는 것이다. 이렇게 남한 출신들이 대남공작원으로 선발되면 우선 공작원 양성기지인 중앙당 정치학교(간첩양성기지, 일명 695군부대)에 입교시켜 2년 동안에 걸쳐 각종 교육과 훈련을 통해 공작원으로 양성한다.

그런데 사실은 대남공작이라는 것이 적지(敵地)에서 활동하는 특수공작이기 때문에 아무나 데려다가 교육 훈련을 시킨다고 해서 모두 공작원이 될 수 있는 것도 아니다. 그러니까 공작원이 되려면 무엇보다도 먼저 특수공작에 상응한 천부적인 기질이 겸비되어 있어야 한다. 그런 기질을 겸비하지 못한 사람은 2년이 아니라 10년을 교육 훈련 시켜도 공작원이 될 수 없다. 하지만 그에 상응한 천부적인 기질을 겸비하고 있는 사람은 1~2년만 교육 훈련해도 충분하다.

그동안의 국제적인 공작경험에 의하면 이러한 천부적인 기질을 겸비하고 있는 공작원은 100명 중에서 2~3명을 뽑기 어렵다는 것이 정보세계의 공통적 통계이다.

그리고 보면 지난 1차 후퇴 시기에 납북된 사회 저명인사 중에서 그런 천부적인 기질을 겸비한 사람이 과연 있었을까? 그런 사람이 있었다면 몇 명이나 있었겠는가?

당시 사회 저명인사들은 모두 정년퇴직한 사람들이니까 나이도 모두 고령화되어 훈련을 아무리 시켜도 팔다리가 말을 듣지 않는다.

그런데도 로동당 연락부에서는 이러한 모든 사정을 고려하지 않고 무조건 오직 사상성, 하나 즉 '김일성 주체사상'과 '당에 대한 충성심'에만 주의를 돌리고 있다.

물론 공작원들에게 당과 수령에게 충성을 다하도록 사상교육을 하는 것은 무리가 아니다. 그러나 공작원의 자질은 어디까지나 자질이다. 공작원이 자기 자질을 갖추어야 공작 임무도 제대로 수행할 수 있는 것이다. 그런데 공작원을 양성한다면서 그 자질을 갖추는 것을 그렇게 경시한다면 공작원을 제대로 양성할 수도 없고 그렇게 양성된 공작원은 자기 사명을 다할 수 없는 것이다.

그러므로 그동안 로동당 연락부가 그렇게 많은 대남공작원을 양성하고 대남공작을 펼쳐 왔지만 성공한 것은 하나도 없고 거의 모두 실패하고 말았다. 그럼에도 불구하고 로동당 연락부에서는 실패한 원인을 공작원들의 자질 문제에서 찾는 대신에 당성이 약해서 실패한 것으로 단정하고 있다. 하긴 연락부 간부라는 자들도 자기 혼자라도 당성이 강한 것처럼 보여야 김일성의 눈에 거슬리지 않고 끝까지 살아남을 수 있을 테니까 어쩔 수 없는 노릇이다. 결국, 공작원들은 로동당 연락부를 믿지 못하게 되고 연락부에서는 공작원들을 멀리할 수밖에 없는 것이다.

이렇게 되어 사회 각계 저명인사(통칭 남한 출신)들은 그 수치스러운 공작원 양성단계를 거쳐 간첩으로 남파되고 그중에는 물론 남파되는 과정에 잘못되는 예도 있겠지만 침투하는 데 성공하기만 하면 절대다수 저명인사는 연락부의 공작지령을 거부하고 모두 정보기관에 찾아가서 자수하여 광명을 찾게 되는 것이다.

왜냐하면, 소위 사회각계 저명인사(통칭, 남한출신)들이 북한으로 강제 납북되어 들어가 거기에서 사는 동안에 죽도록 이용만 당하면서도 어느 한순간이나마 사람다운 보람을 느껴본 사람이 없기 때문이다. 그리고 북한 사회에 있는 동안 공산주의자들의 잔인하고도 간악한 수법에 대해 실감하지 않은 사람이 없을 것이기 때문이다.

필자도 물론 북한에 있을 때 로동당에 입당도 하고 갖은 '충성심'을 보였지만 솔직히 말해서 로동당이 좋아서 당에 입당한 것이 아니다. 북한에서는 당에 입당하지 못하면 누구를 막론하고 진급도 하기 어려울 뿐만 아니라 간혹가다가 초급간부로 등용될 수 있는 '출세'의 기회마저도 잃어버리기에 십상이기 때문이다.

사회 저명인사들 중에서도 당에 입당한 사람들이 많겠지만 로동당이 좋아서 입당한 사람은 한 사람도 없을 것이다. 그만큼 6·25전쟁 당시 납북된 사회각계의 저명인사들이 대남공작을 거부하고 자수하여 광명을 찾는다는 것은 지극히 당연한 일이다.

7부

반동으로 몰리고 있는 월남자 가족

날이 갈수록 죽을 각오로 38선을 넘는 월남자들이 늘어나자 북한 당국자들은 월남자들을 가리켜 "공화국을 배반하고 월남 도주한 반동분자"라고 적대시하며 가족들은 대를 이어 아들과 손자와 증손자까지 반동으로 몰고 있다. 그래서 월남자 가족들은 태양을 등지고 사는 '달바라기'들 가운데서도 가장 처참하게 사는 '달바라기'에 속한다.

　하지만 북한 당국자들은 월남자 가족들을 반동으로 몰아놓고서도 처음부터 함부로 학대하지는 못했다. 특히 휴전협정이 체결되기 전까지는 언제 어디서 무슨 사건이 터질지 모르는 전쟁 시기였기 때문에 월남자 가족 한 사람, 한 사람을 대하는데 서로 매우 조심스럽게 다루었던 것이 사실이다.

　그러다가 1953년 7월 27일, 휴전협정이 체결되고 북한 사회가 점차 안정돼 감에 따라 월남자 가족들을 점점 혹독하게 다스리다가 1954년 4월 '사회주의 혁명'을 시작하면서부터 더욱 노골적으로 독재의 칼을 휘두르기 시작했다.

1. 월남자 가족들에 대한 학대

　월남자 가족들에게 독재의 칼을 휘두르기 시작한 첫 시도가 1954년 4월 '사회주의 혁명'의 시작을 알리는 '농업협동화' 방침이었다.

　1946년 3월 5일 발표된 '토지개혁법령'에 따라 '토지개혁'을 실시할 당시에는 3정보 이상의 지주 토지만 몰수했기 때문에 2.9정보 이하의 토지를 소유하고 있던 부농과 중농들은 그런대로 자기 땅을 가지고 농사를 지을 수 있었고, 특히 부유한 부농들은 머슴까지 두고 부리면서 농사를 지을 수 있었다.

　그런 상태에서 '6·25 전쟁'이 일어나 낙동강까지 밀고 내려갔다가 다시 압록강까지 밀리고 하는 3년간의 전쟁을 겪고 휴전협정이 체결되었기 때문에 북한의 경제 사정은 매우 어려운 형편이었으나 부농과 중농들은 전시에도 그랬거니와 휴전 이후에도 농촌의 부유한 농민으로 유지행세를 할 수 있었다.

1953년 7월 27일 휴전협정이 체결되자 그 어려운 경제 형편에서 북한 로동당은 '전후복구건설 3개년 인민 경제계획'을 발표하고 그 뒤를 이어 1954년에는 '농업협동화'방침을 제시하였다.

당시 발표된 '전후복구건설 3개년 인민경제계획'은 "중공업을 우선적으로 발전시키고 경공업과 농업을 동시적으로 발전시킨다"라는 이른바 '사회주의공업화정책'을 선포하는 첫 신호였고, 또 1954년 4월에 제시한 '농업협동화방침'은 일체 생산수단의 사적 소유를 일소하는 '사회주의 혁명'의 시작을 선포하는 것이었다.

그러나 '전후복구건설 3개년 인민경제계획'은 로동당 중앙위원회 내에서도 많은 반대파의 반대에 부딪혀 처음부터 순조롭게 진행되지 못했다.

반대파 세력은 수적으로 너무도 열세해 있었기 때문에 별 효과를 거두지도 못하고 있다가 훗날 1958년 사회주의 혁명이 완수되는 시기에 연안파세력과 함께 모두 숙청되고 말았다.

그러나 '농업협동화'방침에 대한 부정적인 태도는 당 중앙에서뿐만 아니라 하부 말단의 집행단위인 시·군·리 단위에까지 영향이 미쳐 적지 않은 지장을 초래하기도 했다. 하지만 공산당 일당독재가 횡행하고 있는 공산 치하에서는 어쩔 수 없는 것이 그들의 운명이다.

그리하여 결국 1958년 8월에 '농업협동화'가 완성되었고 그 뒤를 이어 도시 상공업자들과 수공업자들의 '사회주의적 개조작업'이 완성됨으로써 이른바 '사회주의 혁명'이 완수되었다.

도시 상공인들과 수공업자들의 '사회주의적 개조작업'이라는 것도 듣기 좋게 하느라고 '협동화'라고 한 것이지만 본질에서는 사적 소유를 모두 몰수하여 국유화하는 것이었다. 바로 이렇게 '사회주의 혁명'이 완수되자 1959년 2월에는 '화폐개혁'을 단행하면서 지주 자본가들의 화폐 형태로 축적된 재산까지 모두 몰수하고 말았다.

그때 화폐 형태로 축적된 재산까지 모두 몰수당한 사람들이 바로 월남자 가족이었다는 것은 재론할 필요도 없다. 월남자 가족들은 성분이 나쁘다는 이유로 국가 공공기관이나 국영기업소에서는 받아주지도 않고, 중소 상공인들이 소유하고 있던 중소 규모의 작은 공장까지 모두 국유화 해버렸기 때문에 소규모의 공장에라도 들어가게 되면 다행이고 대부분의 월남자 가족들은 그저 시장 골목에서 장사밖에 할 수 없었다.

그러다 보니 어쩌다 돈도 벌 수 있게 되고 여유가 생기면 저축도 하면서 여유 있는 생활을 하게 된 것이다.

하지만 월남자 가족들은 아무리 좋은 일을 하거나 공을 세워도 소용이 없으며 자식들은 아무리 공부를 잘하고 성적이 우수해도 고등학교 이상은 진학할 수도 없다. 고등학교를 졸업한 다음에는 으레 군에 나가야 하고 군대에 입대해서도 전방이나 평양 또는 대도시주변에는 절대로 배치받을 수 없고 후방에 있는 산간벽지에 배치되기가 일쑤이다. 그리고 군 복무를 마치고 제대된 다음에는 공장 또는 농장에 배치되어 중노동, 유해 노동 분야에서 근무해야 한다.

2. 월남자 가족들의 비참한 처지

북한에서는 월남자 가족들도 지주 자본가 출신 가족들은 적대계층, 적대계급 출신이 아닌 월남자 가족들은 불순계층, 또는 중간계층, 그리고 1·4 후퇴 시기에 피난민 대열에 섞여서 월남한 사람들의 가족들은 복잡한 계층 등으로 구분해 놓고 월남자 가족들을 학대해오다가 1958년 8월 말 '사회주의 혁명'이 순조롭게 완수되자 그때부터 독재의 칼을 노골적으로 휘두르기 시작했다.

김일성은 1959년 2월, "평양시를 혁명의 붉은 수도로 꾸려야하겠다."라고 특별 지시를 내렸다.

평양시를 혁명의 붉은 수도로 꾸려야 한다는 것은 곧 성분이 나쁜 놈들을 모두 평양시에서 추방해 귀양살이를 시키라는 뜻인데 성분 나쁜 놈들은 도대체 누구를 지칭하는 것일까? 그것은 두말할 것도 없이 월남자 가족이다.

그래서 일차적으로 먼저 평양특별시에 거주하고 있는 월남자 가족들을 성향별로 모두 추려 반동계층으로 구분된 월남자 가족들은 함경북도 북부 국경지대 산간벽지로 모두 추방시켰다, 그리고 이차적으로는 각도 소재지, 시·군 까지 월남자 가족들을 찾아내 북부 국경지대로 모두 추방했다. 그리고 그다음에는 월남자 가족들의 정체가 밝혀지는 대로 그때그때 적당히 처리하곤 했다.

월남자 가족들을 북부 국경지대로 추방한 목적은 만약에 앞으로 있을 수 있는 전쟁에 대비하여 될 수 있는 대로 그들의 손에 총을 잡을 기회를 주지 않기 위한 것이었다. 이때부터 월남자 가족이라는 '죄' 아닌 죄로 '인간 이하의 천대와 멸시'를 받아가며 2중 3중의 고역에 시달리게 되었다.

이렇게 북부 국경지대로 추방된 월남자 가족들은 '아오지탄광'이나 무산광산 100미터 지하 막장에 배치되고, 또는 산간벽지에 있는 임산사업소의 험한 벌목장에 배치되어 늙어 죽을 때까지 그곳에서 험하고 힘든 일을 도맡아 하게 했다. 그리고 일과가 끝난 다음에는 매일 저녁 8시부터 10시까지 주거지 단위로 정치학습이라는 핑계로 무조건 세뇌교육을 받아야 한다.

뿐만 아니라 이들 월남자 가족들에게는 여행까지 통제되고 있어 주거지를 떠날 수도 없다. 만약에 갑자기 특별한 사정이 생겨나 한 번이라도 주거지를 떠나려면 안전부의 특별증명서를 발급받아야 하는데 그것이 하늘의 별따기 만큼이나 힘든 일이다. 그래서 월남자 가족들은 아예 여행에 대해 생각도 안 하는 것이 속이 편한 셈이다.

그 어떤 나라를 막론하고 그 나라 국민들 가운데에는 행복하게 잘 사는 사람들이 있는 반면에 불행하게 사는 사람들도 있기 마련이다.

그리고 불행하게 사는 사람들 가운데서도 너무도 비참하고 불행하게 사는 사람들이 있다. 북한에서 사는 월남자 가족들의 처지가 바로 그렇다고 보면 틀림없다.

세상에는 나라도 많고 민족도 많지만, 북한처럼 자기 나라 국민을 반동으로 몰아 대를 물려가며 그토록 무자비하게 학대하는 나라는 없다.

1945년 8월, 2차 세계대전이 끝난 다음에는 독일과 월남도 한때 우리나라와 같이 분단되었던 나라였고, 동부 독일과 북부 월남도 다 같은 공산국가였지만 자기 나라 국민을 북한처럼 그렇게 반동가족으로 몰아놓고 무자비하게 학대하지는 않았다.

월남자 가족들은 명절 때가 되어도 여행증명서를 발급받을 수가 없어서 일가친척들끼리 서로 마음대로 오갈 수도 없으며 또 한 직장에서 오래 같이 근무하면서 서로 사랑을 주고받으며 일생을 같이하기로 약속을 했다가도 훗날 어느 한쪽이 월남자 가족이라는 사실이 밝혀져 이혼당하게 되는 사례도 적지 않다.

그리고 또 학교에 다니는 어린 학생들은 학교에서 동료들로부터 따돌림을 당해 우울증에 걸려 신음하다가 부모들을 원망하며 자살을 기도하는 학생들도 부지기수이다. 그뿐만 아니라 간혹 병에 걸려 치료를 받으려고 할 때도 월남자 가족들은 항상 '딱지'가 붙어 다니기 때문에 죽고 싶은 생각이 들 때도 한두 번이 아니다.

북한에는 의료기관이 각 동과 리 단위에 진료소가 하나씩 있고, 시(구역) 군 단위에는 인민병원, 각 도, 직할시에는 도, 직할시 중앙병원, 그 위로 평양에는 평양 중앙병원, 평양 결핵병원, 평양 산부인과병원, 평양정신병원, 평양외과병원 등 각 전문 특수병원들이 설치되어 있다. 누구든지 처음에는 동, 또는 리 단위에 있는 진료소에서 치료를 받다가 2주 이상 진단서가 필요로 할 시에는 시(구역) 군 인민병원으로 후송되고 그래도 완치되지 않으면 도, 직할시 중앙병원, 평양 중앙병원으로 후송되어 치료를 받게 되어있다.

그런데 여기에서도 월남자 가족들은 '딱지'가 붙어 다니기 때문에 시, 군 인민병원이 고작이다.

그러니까 월남자 가족들이 평양 중앙병원에 입원하여 치료받는다는 것은 꿈도 꿀 수 없는 노릇이다. '무상치료제'라는 것은 빛 좋은 개살구일 뿐이고 원 없이 치료도 못 받고 숨을 거두는 사람이 많을 수밖에 없는 것이 월남자 가족들의 처지이다..

이처럼 월남자 가족들은 반동 가족으로 몰려 아들, 손자, 증손자에 이르기까지 대를 물려가며 '인간 이하의 천대와 멸시' 속에서 살고 있다.

이것이 월남자 가족들의 피할 수 없는 운명이다. 월남자 가족들의 비참한 처지에 관해 이야기하자면 끝이 없다. 그 외에도 월남자 가족들은 월남자 가족이라는 약점 때문에 여러 가지로 억울하게 변을 당하는 일도 부지기수이다.

특히 월남자 가족 가운데 처녀들은 월남자 가족이라는 약점 때문에 건달들의 노리갯감으로 각종 수모를 겪는 예도 있다. 북한에는 당과 사로청의 조직적 '통제'가 강하기 때문에 건달이나 깡패 같은 것은 없는 것으로 알고 있는 사람들이 많은데 북한 사회에도 여기저기로 얽혀있는 건달과 깡패들이 적지 않게 깔려있다.

한번은 이런 일이 생기기도 했다. 이선녀라는 이름을 가진 월남자 가족이 있다는 것을 알고 건달들 4명이 정장 차림으로 그녀를 노리고 있다가 이선녀가 지나가는 것을 보고 차를 몰고 그 옆으로 지나가다가 차를 세우며 문을 열고 나와서

"저 혹시 이 선녀 동무가 아니요?"

"네 그런데요?"

"우린 안전부서에서 나왔는데 몇 가지 물어볼 것이 있어서 그러니까 안전부로 잠깐 갑시다."

그러면서 뒷좌석에 밀어 넣고 다음에 따라 타면서 차 문을 닫아 버렸다. 북한에는 자가용이 없으므로 차를 몰고 다니면 흔히 기관원으로 알고 있다. 그래서 이선녀도 얼떨결에 차를 타게 됐는데 그러다 보니 이선녀는 뒷좌석 가운데에 끼어서 꼼짝도 못 하게 되었다.

잠시 후 차가 부르릉하고 달리기 시작하더니 산 넘어 고갯길로 한참 달리다가 좌측 밋밋한 숲속으로 쭉 들어가 여자의 입을 틀어막고 양손을 꼼짝 못 하게 붙잡은 다음, 풀밭 바닥으로 끌어 내렸다. 그리고 양쪽 팔다리를 옴짝 못하게 눌러놓고 옷을 벗긴 다음, 모두 달라붙어 여기저기 별 곳을 다 주무르며 실컷 장난질하다가 나중에는 차례로 돌아가며 능욕을 하고는 그 자리를 떠버렸다.

이렇게 윤간까지 당한 그녀는 혼자서 흐느끼며 울다가 간신히 옷을 주워 입고 집으로 돌아갔다. 그리고 밤늦게 집으로 들어오는 몰골을 보는 가족들은 무슨 일을 당하고 오는지 짐작을 하면서도 입을 열지 못했다. 이 이야기는 그 후 건달들끼리 자랑스럽게 서로 전화로 주고받고 하던 대화 내용을 옆에서 들은 얘기다.

3. 월남자 가족들의 항거

그렇다고 하여 그 많은 월남자 가족들이 북한당국의 가혹한 탄압을 받아가며 고분고분 순종만 하며 살아가고 있는 것은 아니다. 그들 가운데에는 대를 물려가며 반동 가족으로 학대를 받아야 하는 피치 못할 운명을 비관하며 온 가족이 농약을 마시고 집단 자살을 한 가족들이 있는가 하면, 또 어떤 사람들은 끓어오르는 울분을 참다못해, 맞받아 싸우는 사람들도 있다.

그러다가 사회안전부에 체포되어 끌려가서 처형당한 사람들도 있고, 특별수용소에 감금된 사람도 있지만, 끝까지 체포되지 않고 자취를 감춘 그런 사람들도 적지 않다. 자취를 감추었다는 것은 아직 사회안전부가 진상을 파악하지 못하고 있다는 것을 의미한다. 십중팔구는 두만강을 건너 탈북을 하는 데 성공한 사람들도 있고, 또 어떤 사람들은 대한민국으로 월남 귀순했다고 볼 수도 있으며 다른 한편으로는 노부모와 처자식들 때문에 멀리 떠날 수도 없고 해서 북한지역 모처에다 근거지를 구축하고 은신해 있으면서 북한당국에 항거하여 싸우고 있는 사람들도 있다. 물론 공개적인 무장투쟁 같은 것은 불가능하다. 그러나 소규모 열차탈선 사고 같은 그런 사고를 일으키는 형태의 항거투쟁은 얼마든지 할 수 있다.

지금 북한에는 평의선 철도로부터 경의선과 평원선, 함경선, 청라선 등 전국의 모든 철도가 단선으로 연결되어 있다. 그러므로 어느 한 곳에서 열차사고가 일어나기만 하면 복구할 때까지 열차가 왕복할 수 없고 해서 북한경제가 큰 타격을 입게 된다. 지금까지 열차사고가 수없이 일어났지만, 철도안전부에서는 그 긴 철도를 다 일일이 지키고 서 있을 수도 없고, 안전부의 처지에서는 아무튼 큰 고민거리가 아닐 수 없다.

또 한 가지 북한 사회를 떠들썩하게 했던 사건으로는 1980년대 말, 강원도 원산철도공장에서 일어난 '구국청년단 사건'을 들 수 있다.

이 사건은 20살부터 24살까지 나이 어린 월남자 가족 9명이 '구국청년단'을 결성하고 지난 6·25전쟁 당시에 원산 앞바다에서 미군들이 발사했던 함포탄(불발탄, 바닷가 모래밭에 묻혀있는)을 파다가 함포탄 앞에 뇌관을 다시 깎아 맞춰 중요 공장 곳곳에서 폭파할 목적으로 2차 밤교대 작업이 끝나고 다른 종업원들이 다 퇴근한 다음에 함포탄 앞에다 맞출 뇌관을 선반에 물려놓고 가공하다가 공장 구내를 순찰하던 경비 대원에게 발각되었다. 경비대원은 직장 안에 들어서자마자 목청껏 큰소리를 쳤다.

"지금 무엇들을 하고 있는 거야? 그 선반에 물려있는 거 어서 풀지 못해."

사태가 이렇게 되자 9명 모두가 달라붙어 경비대원을 살해한 다음 가마니에 둘둘 말아서 바닷가 '신바시(선착장)' 끝으로 들고 나가서 무거운 돌까지 달아매 가지고 수심 10m가 넘는 '선착장' 끝에다 던져버리고 각각 물속으로 뛰어들어 공장 구내를 벗어나 퇴근해 버렸다.

그러자 그 이튿날 경비대원이 행방불명된 사고로 온 공장이 발

칵 뒤집혔다. 사회안전부에서는 수색견까지 동원하여 끌고 다니며 공장 구내를 샅샅이 수색하는 한편, 의심나는 대상들을 하나하나 불러서 심문하기 시작했다.

여기에서도 9명의 '구국청년단' 단원들은 월남자 가족이기 때문에 하나도 빠짐없이 불려가 심문을 받았다. 하지만 그들은 이미 약속한 대로 태연하게 모른다고 버팀으로써 일단 1차 심문에서는 모면할 수 있었다.

그러나 행불된 경비대원이 나타나지 않기 때문에 안전부에서는 의심나는 대상들에 대하여 한시도 감시의 눈초리를 떼지 않았다.

특히 9명의 '구국청년단' 단원들 속에서는 벌써 몇 번씩 잡혀가 심문을 받으며 고문까지 당한 단원들도 있었다. 사정이 이렇게 되자 9명의 '구국청년단' 단원들은 아무래도 재미가 없을 것 같아서 이미 각오했던 대로 교도대 무기고를 습격하여 각각 자동총 한 정씩과 탄약 한 상자씩 둘러메고 나와 공장 철망을 넘어 '풍덕산'으로 올라붙었다. 그리고 거기서부터 남쪽 휴전선을 향하여 남하하기 시작했다.

그런데 '구국청년단원'들은 너무도 갑자기 생긴 일인데다가 또 매우 급하게 서두르는 바람에 미처 비상식량을 준비하지 못했다.

그래서 그들의 행군속도는 점점 늦어질 수밖에 없었고, 결국 강원도 세포까지 가서 추격하던 안전원들과 만나게 되어 더 이상 남하하지 못하고 거기서 총격전을 벌일 수밖에 없었다.

그러나 상대방 병력이 점점 증강되면서 교전하기 시작하자마자 초기에 벌써 9명 중에서 5명이 사살되고 남은 4명은 탄약이 떨어져 부상한 채로 생포되고 말았다. 그 후 안전부에서는 5구의 시체와 생포된 4명을 공장 구내로 끌고 와 심문하던 끝에 바닷가 모래밭에 말뚝을 박아 거기에 1명씩 묶어놓고 많은 시민이 보는 앞에서 총살해 버렸다.

이렇게 많은 사람이 보는 앞에서 공개적으로 총살한 예는 북한 사회에서도 극히 보기 드문 예이다. 이것은 다른 월남자 가족들에게 다시는 그런 사건에 대해 꿈도 꿀 수 없도록 공포 분위기를 조성하려는 데 목적이 있었다.

월남자들의 항거투쟁에서 또 하나 무심히 넘길 수 없는 것은 각종 의문사가 꼬리를 물고 일어나고 있다. 그러나 북한에서는 이러한 사건·사고가 신문이나 라디오, TV에 일절 보도되지 않기 때문에 직접 그 근방에서 접하지 않은 사람들은 도저히 알 수도 없게 되어있다.

그런데 얼마 전에는 군인들 속에서 참으로 놀라운 사건이 터졌다. 인민군 모 부대에서 소대장을 사살하고 10여 명이나 되는 병사들이 집단 탈영한 '하극상 사건'이 벌어진 것이다. 벌써 1년 사이에 이와 비슷한 사건이 또 한 번 일어났다. 내부적으로는 별수단과 방법을 다하여 내사하고 있겠지만 그 부대에서는 또 다른 병사들의 심경을 자극할까 봐 집단 탈영한 병사들을 체포하기 위한 수색작전을 펼치지도 못하고 있다.

세상이 다 아는 바와 같이 현재 북한군을 구성하고 있는 인민군 장병들 가운데 60퍼센트 이상이 반동 가족으로 몰려 그 혹독한 학대를 받고 자라난 월남자 가족들이기 때문이다.

그 병사들 대부분은 생각하고 있다.

"지금 내가 도대체 누구를 위해서 이 고생을 하는 것인가?"

만약에 지금 당장이라도 전쟁이 일어날 것 같으면 그 총부리를 김정은에게 돌릴 그런 병사들이 60퍼센트도 넘으리라는 것을 김정은 자신이 더 잘 알고 있을 것이다. 그러므로 김정은 자신부터 특히 조심하지 않을 수 없는 것이다. 그리고 지금 후방에서는 인민군 병사들이 캄캄한 밤중에 분대 단위로 돌아다니며 협동농장 감자밭, 고구마밭, 옥수수밭, 심지어는 양곡창고까지 습격하며 몰려다니고 있다.

오죽하면 인민군 병사들이 밤중에 돌아다니며 협동농장 창고까지 털어가겠는가? 세상에 어느 나라 군대가 그러고 다니겠는가?

그러므로 지금 인민군부대들에서도 쉬쉬하며 병사들의 마음에 거슬리는 일을 될수록 삼가고 있다.

다음은 '아오지탄광'을 중심으로 한 북부국경지대에서 월남자 가족들이 일으킨 폭동이다.

벌써 6개월이 넘도록 식량 배급을 받지 못하고 시름시름 굶어 죽어가던 월남자 가족들은 말한다.

"이래도 죽고 저래도 죽을 바에야 어디 한번 붙어나 보자."

이렇게 모진 마음을 먹고 삽하고 곡괭이, 갈퀴 같은 논쟁기를 하나씩 들고 휘두르며 식량 배급소로 쳐들어갔다.

그리고 그 안에 들어가 쌀, 옥수수, 감자 등 먹을 수 있는 것은 다 털어가고 식량배급소 소장은 속수무책으로 벌벌 떨고 있다가 사회안전부로 도망치고 말았다. 그러다 보니 배급소 안에는 아무것도 없이 텅텅 비어버렸다.

사태가 이렇게 되자 지서에서도 미처 손을 쓰지 못하고 상급기관에 보고하고 지원을 요청했다. 그러나 그사이에 그 소식을 듣고 임산사업소 벌목장에서도 벌목공들이 톱, 도끼 등을 하나씩 들고 몰려내려와 합세하는 바람에 안전부에서도 미처 손을 쓸 겨를이 없었다.

이미 폭동을 일으킨 채 "이왕 이렇게 된 바에야 어디 한번 끝까지 가 보자."라는 식으로 버티고 서 있는 월남자 가족들의 눈에서는 불이 번쩍거렸다. 이렇게 온 밤을 서로 대치하고 있다가 날이 밝을 무렵에 가서야 함경북도 안전부장이라는 자가 나타나 겨우 안정시키면서 "이젠 식량 사정이 조금씩 풀리고 있으니까 조금만 더 참고 기다려 달라."고 설득하여 일단은 해산하게 했다.

월남자 가족들도 온 밤을 버티고 서 있어 보았자 아무것도 생기는 것도 없고, 해서 일단은 해산하기로 하고 뿔뿔이 흩어졌다. 그러나 그 후에도 식량문제가 해결되기는커녕 아무것도 해결된 것이 없다.

오히려 사회안전부의 감시와 통제가 더 강화되기만 했다. 그도 그럴 것이 식량 배급표가 끊어지게 된 그 사연도 눈물겹다. 이미 30~40년 전, 젊었던 나이에 여기 아오지탄광으로 추방돼 와서 100미터 지하 막장에 배치된 다음에 험한 일을 도맡아 하다시피 해 왔지만, 이제는 세월이 30년이나 흐르고 나이가 너무 늙어서 지하 막장에서도 더는 쓸모가 없어지게 되어 아오지탄광에서 해고하는 바람에 식량 배급도 끊기게 된 것이다.

그러니 해고된 노동자에게 식량 배급표가 어디서 나올 수 있다는 말인가? 그때에야 그런 사정을 알게 된 월남자 가족들은 다시 살길을 찾아 두만강을 건너 탈북하는 방향으로 팔자를 돌리기 시작하였다.

8부

대한민국의 안보를 위한 긴급 제안

로동당 규약에 명시되어 있는 바와 같이 북한 공산주의자들의 최종 목적은 한반도 전체를 적화통일하려는 것이다. 즉 '김일성 족벌 왕조체제'를 수립 공고히 하고 그것을 대한민국에까지 확대하려는 것이다.

바로 이런 목적을 달성하기 위해 북한 공산주의자들은 해방 후부터 오늘에 이르기까지 반세기가 넘도록 대남공작을 집요하게 벌여왔다.

김일성은 휴전 이후 대남공작을 더욱 확대 강화하면서 전쟁 시기에 운용하던 공작원양성기구 '금강학원'을 '695군부대'(일명 중앙당 정치학교)로 확대 개편하고 대남공작원들을 대대적으로 육성하여 남파시켰다.

그러나 대남공작이라는 것이 문자 그대로 대한민국의 자본주의 제도 안에서 가혹한 탄압을 받아가며 수행하는 적구공작이기 때문에 김일성의 일방적인 요구대로 실현될 수 없고 부분적인 성과가 있는 반면에 실패율이 높을 수밖에 없는 것이 부인할 수 없는 현실이다.

이렇게 성공과 실패를 거듭하며 전전긍긍하고 있을 때 대한민국에서 갑자기 1979년 10월, 권력층 내부에서 박정희 대통령을 시해하는 '10·26사태'가 발생하여 한국 사회에는 뜻하지 않은 커다란 혼란이 조성되게 되었다.

이로 말미암아 한국의 안보체계에는 금이 가기 시작하고 북한의 대남공작에는 새로운 활동 무대가 펼쳐지게 되었다.

1. '소리없는 전쟁'은 계속되고 있다.

1953년 7월, 휴전협정이 체결됨에 따라 포성은 멎었지만 남한 사회에서는 반세기가 넘도록 '소리없는 전쟁'이 계속되고 있다. 북한 공산집단이 남침야욕을 버리지 않고 계속 적화통일을 기도하고 있기 때문이다. 2차 대전이 끝난 후 지구상에는 각종 크고 작은 전쟁이 일어났지만, 한반도에서처럼 그렇게 가열하고 처절했던 전쟁은 그 어디에서도 찾아볼 수 없다.

소련과 중국, 그리고 동유럽의 사회주의 국가들에서도 제각기 공산주의 혁명을 한다며 계급투쟁을 벌여 왔지만, 소련은 이미 1917년 10월혁명에서 승리하고 '소비에트사회주의연방공화국'이라는 사회주의국가를 탄생시켰지만 그렇게 되기까지 너무도 많은 피를 흘렸고 그 후 근 100년이 지나도록 '다 같이 잘사는 공산주의 이상사회'는 건설하지도 못하고 먼 장래의 희망으로 남겨놓고 말았다.

왜냐하면 '다 같이 잘사는 공산주의 이상사회'를 건설하려면 각자는 능력에 따라 일하고 수요에 따라 공급받는 '공산주의 분배원칙'이 실현돼야 하는데 지금 소련에서는 '공산주의 분배원칙'은 고사하고 노동의 질과 양에 따라 공급하는 '사회주의분배원칙'도 제대로 실현하지 못하고 있는 형편이다. 그러므로 소련은 공산 종주국이면서도 이미 공산주의 혁명을 포기하게 된 것이고 중국을 비롯한 동유럽 사회주의 국가들도 공산주의 혁명을 포기하게 된 것이다.

마르크스도 이미 시인한 바와 같이 '다 같이 잘사는 공산주의 이상사회'를 건설해야 한다는 자기 자신의 학설은 실현 불가능한 '공상적 가설'에 불과하기 때문이다. 그런데도 북한은 공산주의 혁명을 포기하지 않고 '남조선혁명'과 '조국 통일'을 표방하면서 대남공작을 전개하며 소리없는 전쟁을 계속하고 있다.

1982년 14대 대선에서 김영삼이 대통령으로 당선되고 이른바 문민정부가 출범되면서 한국의 안보체계에는 점점 금이 가기 시작했다. 김영삼 대통령은 문민정부가 출범하자마자 과거 '군부독재의 잔재를 청산한다'라는 명분 아래 전두환, 노태우 두 전직 대통령을 감옥에다 가두면서 국가 행정기구를 뜯어고치고 국가안보체계를 손질하면서 DJ는 과거에 '반파쇼민주화투쟁'을 함께 해온 '민주투사'라고 부각했다.

그로 말미암아 DJ는 '민주투사'로서 마음 놓고 차기 15대 대통령 후보로 등장하게 되었고, DJ를 추종하며 따라다니던 좌파세력들은 공개적으로 대통령선거운동을 벌이면서 DJ를 대통령으로 만드는데 1등 공신이 되었다. 그리고 한국 사회에는 드디어 좌파 정권이 출범하면서 점점 좌경화되기 시작하고 침체상태에 처해있던 북한의 대남공작에는 뜻하지 않은 활무대가 펼쳐지게 되었다.

이렇게 대남공작원들 앞에 새로운 활무대가 펼쳐지게 되자 공작원들은 마음 놓고 휴전선을 넘나들며 민주당을 비롯한 각종 야당과 시민 단체 내에 주목되는 대상들을 물색 포섭하여 밀입북시키고 그들을 혁명가로 육성하여 재남파시키는 공작을 대대적으로 펼쳤다.

그 후 좌파정권이 김대중 정권으로부터 노무현 정권에까지 이어지면서 드디어 '명예회복'과 동시에 '보상제도'까지 법제화됨으로써 그간에 이적단체에서 국가보안법 위반혐의로 징역형을 선고받고 복역 하고 있던 반국가사범들을 모두 사면 복권시킴으로써 좌익수들을 모두 '민주투사'로 둔갑시켰다.

그리고 그들에게 1인당 평균 3천만 원씩 보상금까지 지급해 줌으로써 한국 사회를 완전히 붉은 세상으로 만들어 놓았다.

다른 한편으로 북한은 대남공작에서 지금까지 있어보지 못했던 활무대가 펼쳐짐에 따라 대남공작기구를 총동원하여 공작원들을 대대적으로 남파시켜서 민통당을 비롯한 각종 야당과 재야단체, 그리고 언론·출판·교육·과학·문화·예술단체의 주목되는 대상들을 매수 포섭하여 밀입북시키고 그들을 695(공작원양성기지, 일명 중앙당 정치학교)군부대를 통해 혁명가로 육성하여 재남파시키는 공작을 대대적으로 펼쳤다.

10여 년 동안 혁명가로 육성하여 재남파시킨 현지 공작원만 하여도 무려 20만 명이 넘는다.

그러나 그 많은 현지 공작원들이 민주당을 비롯해 통합진보당 등 각종 야당과 언론·출판·교육·문화·예술단체들과 국회에까지 침투되어 활동하고 있지만 별로 만족할만한 성과를 거두지는 못하고 있는 실정이다. 왜냐하면, 모든 현지 공작원들이 혁명가로 육성되었다고 하지만 그들이 지하공작을 자유자재로 구사할 수 있도록 '혁명가적 자질'을 갖춘 진정한 혁명가로 육성되지 못했기 때문이다.

전술한 바와 같이 혁명가를 육성한다는 것이 그리 간단한 문제가 아니다. 혁명가를 육성하려면 우선 특수공작에 상응한 천부적인 기질을 갖춘 대상으로 선발해야 하며 또 그 대상이 그 어떤 역경 속에서도 부딪친 모든 난관을 능숙하게 헤쳐나갈 수 있도록 충분한 교육과 훈련과정을 거쳐야 한다. 그런데 지금 북한에는 진정한 혁명가를 육성할 수 있는 그런 교육체계를 갖춘 양성기관이 없으며 또 남한에서 포섭하여 밀입북시킨 현지 공작원 가운데에는 특수공작에 상응한 천부적인 기질을 갖춘 그런 대상이 거의 없었기 때문이다.

흔히들 말하기를 마르크스주의 이론 수준이 높고 또한 혁명적 열의가 높으면 그만이 아닌가. 이렇게 생각하는 사람들이 있는데 특수공작에 상응한 천부적 기질이 겸비되지 못하면 혁명적 열의가 아무리 높아도 소용이 없다는 것을 알아야 한다.

지금까지의 경험으로 볼 때, 높은 혁명적 열의를 가지고 혁명대열에 뛰어든 그런 혁명가는 수없이 많았지만, 특수공작에 상응한

천부적 기질을 겸비하고 있는 그런 혁명가는 보기 드물었던 것이
사실이다.

   그러므로 북한당국자들은 김일성 주체사상 교육을 더욱 강화하
고 있는 것이며 사상성을 위주로 하여 현지 공작원들을 혁명가로
육성한 다음, 임무를 부여해서 재남파시켜 왔는데 그에 따라 남조
선혁명을 위한 소리없는 전쟁이 계속되어 온 것이다.

2. 준동하는 종북 좌파세력

   1953년 7월 27일 휴전협정이 체결됨에 따라 3년간의 전쟁은
막을 내리고, 휴전선에 울려 퍼졌던 포성도 멎었지만, 대한민국
사회에서는 아직 반세기가 넘도록 '소리없는 전쟁'이 계속되고 있
다. 그것은 북한 공산집단이 남침야욕을 버리지 않고 계속 '남조
선혁명'과 '조국 통일'을 표방하며 대남공작을 펼치고 있기 때문
이다.

   1945년 2차 대전이 종결된 후 소련이나 중국, 그리고 동유럽의
사회주의 나라들에서도 제각기 '공산주의 혁명'을 서두르며 계급
투쟁을 전개해 왔지만, 그중에서 유독 소련에서는 많은 피를 흘리
며 싸워온 그 대가로 이미 1917년에 10월 혁명에서 승리하고 '소

비에트사회주의공화국연방'이라는 사회주의 국가를 탄생시켰다.

이렇게 소련은 공산혁명을 통해서 '소비에트사회주의공화국연방'을 탄생시켰지만 너무나도 많은 피를 흘렸을 뿐만 아니라 소련이라는 사회주의 국가가 탄생된 지 근 100년이 지나도록 아직 '다 같이 잘사는 공산주의 이상사회'는 건설하지 못하고 먼 장래의 희망으로 남겨두고 있다.

'다 같이 잘사는 공산주의 이상사회'를 건설하려면 누구나 자기 능력에 따라 일하고 수요에 따라 공급받는다는 '공산주의 분배원칙'이 실현돼야 하는데 현재 소련에서는 '공산주의 분배원칙'은 고사하고 '노동의 질과 양에 따라 공급한다'라는 '사회주의분배원칙'도 제대로 실현하지 못하고 있는 실정이었다.

그래서 공산 종주국인 소련에서 공산주의 혁명을 제일 먼저 포기하게 된 것이고 중국을 비롯한 동유럽 사회주의 국가들에서도 모두 공산주의 혁명을 포기하고 말았다. 왜냐하면, 국제공산주의 운동 역사를 통해 증명된 바와 같이 "'다같이 잘사는 공산주의 이상사회'를 건설해야 한다"라고 한 마르크스의 학설은 실현 불가능한 하나의 '공상적 가설'에 불과한 것이었기 때문이다.

그런데도 아직까지 '적화통일'을 표방하면서 공산주의 혁명의 꿈을 버리지 않고 있는 집단은 북한 하나밖에 없다. 북한의 김일성 집단이 그만큼 간악하고 집요하기 때문이다.

2차 대전이 끝난 후 독일과 월남도 한때 우리나라와 같이 분단되었던 나라였다. 그런데 동부 독일이나 북부 월남도 북한과 같이 다 같은 공산국가였지만 북한처럼 그렇게 급속도로 1단계혁명으로 '토지개혁'과 '중요산업 국유화'와 같은 '민주개혁'은 서둘러 실시하지 않았을 뿐만 아니라 지주 자본가들의 재산도 그렇게 무자비하고 혹독하게 몰수하지도 않았다. 루마니아와 불가리아 같은 나라에서는 '토지개혁'도 북한처럼 무상몰수 무상분배가 아니라 유상몰수 유상분배의 원칙에서 실시하였다.

180여 년에 걸친 국제공산주의운동 역사를 놓고 볼 때도 그렇다. 1848년에 선포된 '공산당 선언'은 마르크스가 구상하였던 하나의 '공상적 가설'에 불과했다.

북한 공산주의자들도 말로는 '공산주의 혁명'을 부르짖고 있지만, 실제에서는 '김일성 족벌 왕조체제'를 유지 공고, 확대하려는 데 그 목적이 있는 것이다.

이 땅에서 휴전협정이 체결된 지도 어언 반세기가 흘렀다. 하지만 그동안 반체제 종북 추종 단체들의 극렬한 준동으로 말미암아 대한민국 사회에는 단 하루도 조용한 날이 없었다. 1967년 '동백림 대간첩단 사건'으로부터 1968년 '1·21 청와대 육박사건', '울진 삼척 무장공비 침투사건'과 '인혁당사건', '통혁당사건', '남민전사건', '민혁당사건', '민청학련사건', '왕재산 사건' 등 전쟁을 방불케 하는 사건 사고들이 꼬리를 물고 일어났다.

그런 와중에도 한국 사회에서는 '평화적 조국 통일'을 표방하는 각종 좌파세력 단체들의 파업과 시위가 하루도 끊일 사이 없이 일어났다. 이것은 대한민국의 정통성을 부정하는 각종 재야세력 단체들이 그대로 남아있기 때문이며, '한민전'에서 뿌려주는 공작금을 그대로 받아가며 그 지령에 따라 움직이고 있는 각종 종북 좌파세력 단체들이 그대로 남아있기 때문이다.

현재 북한의 대남전략에 따라 '소리없는 전쟁'을 대행하고 있는 조직 단체는 '한국민족민주전선'(이하 한민전)이다.

한민전은 지난 1964년 3월 15일 창당되어 남조선혁명의 참모부로 활동해 오던 '통일혁명당'이 1968년 8월, 남한 수사당국에 의해 파괴된 이후 살아남은 핵심 조직원들이 '통일혁명당'의 명맥을 그대로 유지해 나가기 위해 그 후신으로 분산된 조직원들을 규합해 1985년 7월 27일, 남한 혁명의 참모부, 현지 당 지도부로 결성한 조직이다.

다음은 한민전 '결성선언문'에 담겨 있는 주요 내용 중의 일부이다. 이 내용을 보면 한민전이 어떤 단체인가? 하는 그 실체를 파악할 수 있다.

'한국민족민주전선은 위대한 주체사상의 광휘로운 빛발 아래 파쇼 총검의 중압을 박차고 통일혁명당 창당 준비위원회를 결성한 때로부터 38년, 그리고 통혁당이 파괴된 때로부터 34년이라는 간고하고도 보람찬 투쟁행로를 줄기차게 이어오고 있다.'

통일혁명당은 급변하는 정세 속에서 자체발전의 요구에 맞게 1985년 7월 27일 '한국민족민주전선'(이하 한민전)으로 개칭하여 한국의 광범한 각계각층 민중들을 계급적 기초로 하는 대중적 정당으로 강화발전 되었다. 한민전은 조국광복을 위한 항일혁명 투쟁 시기에 이룩된 빛나는 혁명 전통에 뿌리박고 영생불멸의 주체사상을 자양분으로 삼아 성장한 주체형의 애국적 전위 조직이다.

치열한 투쟁의 불길 속에서 탄생하여 파란 많은 시련과 가시밭길을 헤쳐 오늘로 이어진 한민전의 역사는 한국 사회 변혁 운동의 애국적 전위부대로서의 위상을 높이고 사회의 자주화와 민주화 조국의 자주적 평화통일을 위한 반미 반파쇼 구국 성전의 준엄한 혈로를 빛나게 개척해온 자랑찬 행로이며 민중과 함께 싸워온 영광찬 투쟁 노정이다.

우리 한국민족민주전선의 앞길에는 언제나 민중의 자주적 지향과 요구가 집대성된 휘황한 등대이고 강력한 무기인 위대한 주체사상의 기치가 힘차게 나부끼고 있다.

한민전은 주체의 기치 따라 진군해 왔기에 전위대오 안에서 사상과 영도의 유일성을 보장하고 자기의 영향력을 높일 수 있었으며 변혁 운동의 자주적 주체를 마련할 수 있었다.

위대한 주체사상에 기초한 한민전의 변혁운동에 관한 과학적 진로가 명시되어 있었기에 각계각층 민중은 파쇼광풍이 몰아치건, 외부에서 어지러운 정세 파동이 회오리를 일으키건, 승리에 대한 신념을 잃지 않고 자주민주 통일을 위한 반미 반파쇼 구국운동의 불길을 높여올 수 있었다.

우리 한국민족민주전선과 각계각층 민중의 자주민주 통일을 위한 발걸음은 그 어떤 강압적인 힘으로나 공세로써도 막을 수 없는 역사의 흐름을 이루고 있다. 한국에서 식민지 통치의 종말과 변혁운동의 승리는 필연적이다.

다음은 '한민전'이 결성되면서 발표한 한국 민족자주선언이다.

《한국 민족 자주 선언》

이 땅에 해방의 종소리가 울려 퍼진 때로부터 어언 40주년이 되어 온다. 우리는 오늘도 망국의 비운을 가시지 못한 상황에서 8·15해방의 그 날을 맞게 된다.

감회도 깊은 조국광복의 그 날 우리 3천만 동포는 얼마나 격정에 목매여 천하가 동 하도록 독립 만세를 부르고 또 불렀다.

그러나 이 땅에는 완전한 해방도, 진정한 독립도 오지 않았다. 8·15 광복의 그날 우리 민중이 열망한 것은 통일 독립된 내 나라에서 내가 주인이 되어 번영하는 민족의 새 역사를 창조하는 것이었으나 이 땅에 펼쳐진 현실은 남이 주인 노릇을 하는 새로운 지배와 예속이었다.

우리의 한민전은 진정한 자주권을 찾기 위한 겨레의 절규이다. 오늘 한국 민중이 나아갈 길은 민족 해방이다.

민족 해방 위업은 한국사회의 식민지적 체질에서 흘러나온 필수적 요청이다.

한국에서 주권은 한국민에게 있는 것이 아니라 미국에 있으며 한국의 정치는 청와대가 하는 것이 아니라 백악관이 하고 있다.

우리는 민족자주 위업을 수행하기 위하여 다음과 같은 당면 강령을 제기하고 투쟁할 것이다.

'당면 10대 강령'

1. 민족자주정권을 수립한다.
2. 민주정치를 실현한다.
3. 자립적 민족경제를 건설한다.
4. 국민생활을 안정시킨다.
5. 민족교육을 발전시킨다.
6. 민족문화를 건설한다.
7. 참신한 사회 기풍을 세운다.
8. 자주국방을 실현한다.
9. 자주 외교를 시행한다.
10. 조국의 자주적 평화통일을 이룩한다.

반미 자주화 만세! 우리의 민족 해방 위업 만세!

1985년 7월 27일 서울
한국민족민주전선 중앙위원회

위의 문헌에 밝혀져 있는 바와 같이 '한민전'은 1960년대에 남한 혁명의 참모부였던 '통일혁명당'의 후신으로 1985년 7월 27일 결성된 조직으로서 그 후에는 조선로동당의 혁명노선에 따라 남조선혁명과 조국 통일을 위해 투쟁하고 있는 남한의 현지당 지도부로서 북한의 대남공작 전략 전술에 따라 남한 사회의 성격을 식민지 예속국가로 규정하고 '전국교직원노동조합'(이하 전교조)을 비롯한 각종 종북 좌파단체들과 '전국노련', '전국연합', '한총련', '민민투', '전대협'과 같은 재야 좌파세력 단체와 학생운동 단체들을 선동하여 '국가보안법 철폐 투쟁', '주한미군 철수 투쟁', '평화적 조국 통일 투쟁', 그리고 각종 파업과 시위 등 반정부 투쟁을 조직 지도해 왔다.

그중에서도 가장 극렬하게 벌어졌던 소리없는 전쟁은 바로 '국가보안법 철폐 투쟁'이다.

'국가보안법 철폐 투쟁'이 얼마나 광범하고 가열하게 벌어졌는가? 하는 것은 '국가보안법 장례위원회 명단'을 보면 잘 알 수 있다.

북한 당국자들은 국가보안법을 모형(模型)으로 만들어 놓고 화형식을 거행하면서 그 모형에다 불을 질러 불태워 '국가보안법'이 죽어 없어졌다고 장례식을 지낸 다음 장례위원회 명단을 발표하였다(부록 참조).

그 명단만 보아도 권영길 문규현 오종렬 이종린 등 21명의 상임 공동준비위원장을 비롯해 장례위원이 모두 400여 명이나 되고 참여단체만 해도 '한민전'을 비롯해 60여 개 단체나 된다.

이처럼 전국의 종북 좌파단체들을 비롯해 각종 재야의 좌파세력 단체들은 국가보안법 철폐 투쟁을 그 어떤 투쟁보다도 그렇게 극렬하게 벌여온 것이다.

그 외에도 '미군 철수 투쟁'을 비롯해 '평화적 조국 통일 투쟁'

을 연례행사처럼 매일같이 벌어왔다.

그러다가 1998년 대선에서 DJ가 대통령으로 당선되고 좌파정권이 들어서게 되자 DJ를 추종하며 따라다니던 좌파세력들이 행정 부처와 정부 요직을 장악하면서부터 모든 좌파세력 단체들의 활동이 합법화되었을 그뿐만 아니라 '반파쇼 민주화 투쟁'은 자동으로 없어지고 '국가보안법 철폐 투쟁'과 '평화적 조국 통일 투쟁', '미군 철수 투쟁'과 같은 '반미투쟁'은 공개 합법적으로 벌어졌다.

사태가 이렇게 되자 로동당 연락부는 김대중 좌파정권이 들어선 유리한 조건을 이용하여 교육계에 스며들어 활동하고 있는 현지 공작원(고정간첩)들을 규합하여 1989년 5월 28일에 '전국교직원노동조합'(이하 전교조)이라는 별도의 조직을 결성했다.

이렇게 결성된 전교조는 결성 초기부터 김대중 좌파정권의 묵인하에 점점 성장하면서 자기위력을 발휘하기 시작했다. 그중에서 빼놓을 수 없는 특이한 문제는 최근 크게 사건화되는 '학교폭력사태'이다.

'학교폭력사태'는 발생한 지도 벌써 몇 년이 지나도록 아직도 그 진범을 잡아내지 못한 채, 교육부를 비롯한 각 학교 당국과 학부모단체들, 그리고 경찰 수사기관까지 대한민국의 온 사회가 몸살을 앓고 있다. 그러면 그 진범은 누구인가? 그 진범은 바로 전교조에 소속되어 있는 몇몇 교사들이다.

전교조는 그 '결성선언문'과 결성과정에서 나타난 바와 같이 대한민국의 '학교교육체계'를 뒤집어엎기 위해 연락부 특수공작팀이 현지에서 활동하고 있는 현지 공작원(전교조 교사)들을 규합하여 1989년 5월 28일에 결성한 종북 추종 단체이다.

이렇게 결성된 후 김대중 좌파정권 아래의 유리한 조건을 이용하여 다른 어느 단체들보다도 활발하게 활동하면서 그 위세를 과시하고 있다.

그중에서도 특히 무심히 넘길 수 없는 것은 전교조가 합법적으로 북한의 특수조직과 내통하면서 휴전선을 넘나들고 있는 사실이다. 다음은 전교조가 북한 로동당 연락부의 특수공작팀과 사전 연계하에 150여 명의 조직원을 평양으로 끌고 들어가서 북한 로동당 창당 60주년 기념 보고대회와 각종 행사를 참관한 디음 만경대를 비롯한 금강산, 묘향산 등 중요명소들을 다 돌아보고 온 전교조 조직원들의 명단은 '부록 2'에 수록해 놓았다.

152명이나 되는 전교조 조직원들이 북한과 사전연계를 가지고 북한 로동당 창건 60주년 기념행사를 참관하고 돌아왔다. 다른 모든 종북 추종 단체들과 재야단체들의 활동이 그만큼 침체하여 있기 때문이다. 바로 그런 이유로 해서 로동당 연락부에서도 이 '전교조'에 큰 기대를 걸고 있다.

그리고 김대중 좌파정권이 노무현 정권에까지 이어지면서 '명예회복'과 동시에 '보상제도'까지 법제화되어 각종 혜택을 받으면서 감옥에 갇혀있던 '좌익수'들까지 모두 '사면, 복권'되어 '민주투사'로 명예가 회복되고 동시에 1인당 평균 3000만 원씩 보상금을 받게 됨으로써 각종 좌익사범이 마음 놓고 더욱더 활발하게 움직이게 된 것이다.

그러나 노무현 정권의 '참여정부'가 그 수명을 다하면서 좌파 세력단체들이 활개를 치던 그 세월도 다 지나갔고, 법적 제도적 장치도 모두 사라지고 있다.

물론 대한민국의 역사에서 일시나마 좌파정권이 세워졌었다는 그 자체가 수치스러운 일이 아닐 수 없다. 그러나 그 과정을 통해서 우리 국민은 값비싼 교훈을 찾게 되었다.

원래 북한 공산주의자들이 대한민국을 상대로 '남조선혁명'과 '조국 통일' 표방하며 대남공작을 한다는 그 자체가 어불성설이다. 180여 년의 국제공산주의운동 역사가 증명해 주는 바와 같이 북한 당국자들이 기도하고 있는 '남조선혁명'과 '조국 통일'은 결코 실현될 수 없으며 그것은 절대 불가능한 것이다. 그럼에도 불구하고 북한 당국자들은 해방 후부터 오늘에 이르기까지 반세기가 넘도록 하루도 멈추지 않고 대남공작을 펼쳐 왔다.

그러나 그 많은 공작원을 남파시켜 대남공작을 펼쳐 왔지만, 그중 어느 하나도 성공한 것이 없다.

물론 대남공작을 그렇게 집요하게 벌여오는 과정에는 초기에 일시적으로나마 부분적인 성과를 거둔 예가 많았던 것만은 사실이다. 그러나 그것은 어디까지나 부분적인 성과이고 총체적으로 볼 때는 모두 실패하고 말았다.

한때 1960년대를 '남조선혁명'의 전성기라고 떠들었던 그 시기에도 '인민혁명당 사건'을 비롯해 '통일혁명당 사선', '민청학련 사건', '제2차 인혁당사건'들이 꼬리를 물고 일어남으로써 북한의 대남공작은 다시 소생할 수 없는 지경에 이르고 말았다.

그러나 그 많은 조직은 파괴되었으나 각 조직에 망라되어 활동하던 대부분의 현지 공작원들이 지금 각종 야당을 비롯해 재야단체, 심지어 국회에까지 스며들어 활개를 치고 있다는 데에 문제가 있다. 여기에서 우리 국민이 주목해야 할 것은 그 많은 반국가사범과 좌익수, 전과자들이 어떻게 하여 국회에까지 파고들게 되었는가 하는 것이다.

그것은 두말할 필요도 없이 북한 공작원들에게 포섭되어 평양으로 밀입북 되었다가 교육을 받고 돌아온 좌파 유권자가 그만큼 많이 생겨났고, 또 일부 국민이 좌파세력들의 달콤한 선전과 선동에 넘어가 찬성표를 찍어 주었기 때문에 그들이 국회의원으로 당선될 수 있었다는 사실이다.

지금 보수진영에서는 그들을 가리켜 반국가사범, 좌익수, 전과자 이렇게 부르고 있지만, 좌익진영에서는 그들을 가리켜 불요불굴의 용감한 혁명 투사로 호칭하며 보호하면서 국회의원 후보로 공천해주고 있다.

지난 2012년 4·11총선 결과를 보면 새누리당의 승리에도 불구하고 좌파 국회의원들의 수가 수10명이나 늘어났다.

그리고 300명의 총선 당선자 가운데 전과자가 61명이나 된다. 그중 민통당 44명, 통진당 8명, 그리고 선진통일당(구 선진자유당)과 무소속들이 각각 1명씩 끼어있다.

그리고 민통당은 당선자의 34.6%가 국보법 위반혐의 전과자들이다. 지난 4·11총선에서 전과자가 가장 많이 출마한 당도 바로 민통당이고(68명) 가장 많이 당선된(44명) 당도 민통당이다.

그중 국보법이나 집시법 위반자가 각각 20명, 반공법 위반자는 2명으로 한명숙 전 대표와 이학영(전 YMCA 사무총장)이었다.

통진당은 총 75명이 출마한 가운데 전과자가 48명이나 들어있었고 그중에서 8명이 당선되었다.

이 가운데 보안법 위반자는 4명(김재연, 노희찬, 오병윤, 이석기) 집시법 위반자는 5명(김미희 김재연, 박원석, 오병윤, 정진후) 심상정은 폭력전과자이다.

민주통합당 당선자 가운데 중요 대표적인 시국 공안 사건 관련자들의 전력을 보면 다음과 같다.

1) 한명숙(16,17,19대 국회의원, 전 민통당 대표, 국무총리 지냄)

지난 4·11총선에서 민주통합당 비례대표 당선자로서 민주통합당 전 대표를 지낸 바 있다.

1968년 통혁당사건 당시 동 사건과 관련되어 남편 박성준과 함께 실형을 선고받았다. 남편 박성준은 통혁당 서울시 특수소조책이었고 한명숙은 그 소조원으로 활동해 왔다. 그리하여 남편 박성준은 특수소조 책임자로서 징역 15년 자격정지 15년을 선고받았고, 한명숙은 징역 1년 자격정지 1년 집행유예 1년을 선고받았다.

그 후 1979년에도 크리스챤 아카데미 사건에 연루되어 징역 2년 6개월 자격정지 2년 6개월을 선고받았다. 그 외에도 공직에 있을 때는 물론, 공직에서 물러난 다음에도 친북 반미언동을 일삼아왔고, 국가보안법 철폐를 줄곧 주장해온 핵심인물이다.

2) 임수경(민통당 19대 비례대표 국회의원)

지난 4·11총선에서 민주통합당(민통당) 비례대표로 전략 공천 된 임수경은 한국외대 용인캠퍼스 불어학과 4학년 때인 1989년 6월에 전대협 대표로 일본과 독일 베를린을 거쳐 밀입북하여 평양에서 열린 '제13차 세계청년학생축전'에도 참가했고, 축전에 참가하는 동안 전대협 대표 자격으로 북한의 조선 학생위원회 위원장 김창룡과 함께 회담도 하면서 '남북청년학생공동선언문'도 발표하고 북한에 체류하고 있는 2개월 동안 '통일의 꽃'으로 불리며 우대를 받고 김일성과도 만나 그 품에 안겼다. 악수도 하고 축전이 끝난 후 금강산을 비롯해 만경대와 유명한 명소들을 다 돌아보고 8월 15일 '천주교 정의구현사제단'에서 파견된 문규현 신부와 함께 판문점으로 귀환했다. 임수경은 이 사건과 관련해 국가보안법 위반혐의로 징역 5년을 선고받고 복역하던 중 1992년 특별가석방된 후 1999년도에 복권되었다.

3) 정동영(15~16,18,20대 국회의원, 민주통합당 상임고문)

민주통합당 상임고문 정동영은 국가안전보장회의 상임의장이었던 2005년에 주위의 완강한 반대를 물리치고 북한 상선의 제주해협을 통과할 수 있도록 활짝 열어준 1등 공신이다.

정동영은 2007년에 펴낸 『개성역에서 파리행 기차표를』이란 책자에 자기 자신이 주변의 반대를 물리치고 북한산선 제주해

협 통과를 강행했다는 자술이 나온다. 그 일부를 소개해 보기로
한다.

　장관급회담 합의를 앞두고 부처 간 회의가 열렸을 때 북측의
제주해협 통과문제에 관해 참석자 대부분이 부정적이었다. 안
보적 관행으로 통과, 허용은 시기상조라는 의견과 국방 당국의
입장이 완강하다는 이유 등이 거론됐다. 이러한 반대 논리에는
이해하기 어려운 점이 많았다. 쿠바, 국적의 선박도 이라크 국
적의 선박도 제주해협을 통과할 수 있는데 유독 북한, 국적의
선박만 안 된다는 논리는 합리적으로 설명하기 어려운 대목이
었다.(중략) 실무당국자 수준에서는 해답을 찾기 어려웠다. 나
는 해군장성 출신인 윤광웅 국방부 장관에게 직접 전화를 걸어
문의했다. 다행스럽게도 윤 장관은 "제주해협은 제3국 선박에
도 무해통항권이 인정되는 지역인 만큼 북측상선에 대해서도
동등한 권리를 인정할 수 있다는 견해를 전했다."

　이러한 정동영의 주장과 달리 2007년 10월 소말리아 해적을
제압했던 북한의 '대흥단 호'는 제주해협을 통과하는 북한 선박
의 실체를 확인해 주었다. 아프리카 소말리아 인근 해상에서 피
납된 북한의 '대흥단 호' 승무원들은 숨겨놓은 화기를 꺼내 해
적들에게 역습을 가한 뒤 배를 탈환했다. 화물선 승무원들이 기
관총 로켓 발사기 등으로 중무장한 해적들을 향해 무기를 들고
제압한 사실은 북한 상선이 사실상 군함임을 입증한 것이다.

　솔직히 말해서 "북한에서는 상선이란 개념 자체가 없다."
1983년 아웅산 테러를 일으킨 공작원을 미얀마로 수송한 선박

도 북한 상선이었고, 1978년 영화감독 신상옥 최은희 부부를 홍콩에서 북한으로 납치한 선박도 역시 북한 상선이었다.

그리고 군함인지, 상선인지 확인할 수 없는 북한 선박의 제주해협 통과는 2010년 우리 정부가 천안함 폭침 후 이를 불허하기 전까지 아무런 제지를 받지 않았다.

대흥단 호의 경우 2007년 4월과 5월 두 차례에 걸쳐 제주해협을 통과했고, 2006년 11월 29일 한나라당 김형오 의원이 해경에서 제공한 '해경-북한 선박 간 통신자료'에 따르면 북한 연풍호가 2006년 2월 2일 해경 소속 제주 302함의 호출에 응답하지 않고 제주해협을 지나가는 등 2006년에만 북한 선박이 통신 검색에 응하지 않고 우리 측 영해를 통과한 것이 22차례나 됐다.

그리고 2005년 8월 발효된 남북해운합의서는 제3조1항에 '운항 선박은 상대측 경비함정과 통신초소의 호출 시 응답하여야 한다.'라고 되어 있고, 부속 합의서 2조8항에는 '통신에 응하지 않은 선박에 대하여 해당 선박을 정지시켜 승선·검색하여 위반 여부를 확인할 수 있다'고 명시되어 있다.

그런즉 북한 선박은 남북해운합의서를 명시적으로 위반했다.

그런데 제주해협의 개방문제에서 무엇보다도 심각한 문제는 동 ·서해를 왕복하는 북한 상선이나 무역선들이 몇 차례나 통과했느냐? 하는데 국한되는 것이 아니라 대남공작 차 내려온 공작선이 얼마나 더 많은 침투 공작 실적을 올렸겠는가 하는 것이다.

그 외에도 정동영 고문의 언행에서 나타난 의심스러운 점은 한둘이 아니다. 그는 2011년 6월 KBS라디오 인터뷰에서 다음과 같이 언급한 바 있다.

"천안함 폭침이 북한이 아니면 할 사람이 누가 있느냐는 태도는 우격다짐일 뿐, 객관적이고 과학적이지 않다. 국제사회도 이걸 100% 뒷받침한다. 천안함에 대해 의심을 가지면 친북좌파이고 비이성적이고… 라는 감정적 태도를 정부가 보이는 것은 잘못된 것이다.(북한의 어뢰 추진체가 북한소행임일 입증하는 명백한 증거라는 주장에 대해서는)"

정부 발표를 믿지 않는다는 사람이 믿는다는 국민보다 더 많아졌지 않으냐, 그렇다고 보면 정부에 행정적인 책임이 있다."라고 거침없이 뇌까렸다.

그리고 한미 FTA와 관련해서는 2011년 11월 29일 민주당 의원총회에서 FTA를 막은 실제 사례로 에콰도르를 거론하며 FTA 파기를 주장했다.

여기서 정동영은 "에콰도르는 국민적 저항이 폭발하면서 루시오 구티에레스 대통령이 축출되고, 새로 등장한 라파엘 코레아 대통령은 결국 국민 앞에 굴복해 비준된 FTA를 파기했다. 에콰도르도 했는데 한국 국민이 못해낼 이유가 없다."라고 주장했었다.

정동영의 이와 같은 발언에 대해 '중앙일보'는 정동영이 대통령 후보와 집권 여당 대표를 지낸 것을 언급하며 "비중 있는 정치인이 트위터에 올라온 '확인 안 된 사실' 아니 거짓을 동료의원들에게 퍼 나르고 있던 셈"이라고 비판했다. 이런 사람이 한때 대통령 후보와 여당 대표, 그리고 부총리급인 통일부 장관을 지내고 국회의원 자리를 지키고 있으니 한심한 일이 아닐 수 없다.

따라서 앞으로도 정동영 의원의 일거수일투족에 대해서는 언제 어디서나 하나도 빠짐없이 예의주시할 필요가 있다.

4) 김선동(18~19대 국회의원, 민주노동당, 통합진보당, 민중당, 전남 순천·곡성)

김선동은 2011년 11월 22일 한미 FTA 비준안 통과 과정에서 헌정사상 초유의 국회 '최루탄 테러'를 자행한 인물이다.

가방에 최루탄을 숨겨서 국회에 들어와 한동안 단상 주변을 서성거리다가 오후 4시 8분경에 발언대에 나서면서 최루탄 뇌관을 뽑았다.

"펑" 소리가 나면서 연기가 피어올랐고 백색가루가 본회의장 바닥에 좍 깔렸다. 정의화 국회부의장은 수건으로 코를 막으며 고통스러운 표정을 지었다.

김선동은 연기를 버티고 서 있다가 바닥에 깔린 백색가루를 긁어모아 정 부의장 얼굴에 다시 뿌렸다. 정 부의장은 국회 경위들의 호위를 받으며 의장석을 빠져 나왔다. 최루탄이 터지자 본회의장 의장석은 아수라장이 되었다. 모두 코를 막고 본회의장을 빠져나갔고 경위들은 김선동을 급히 끌어내려 일시 격리시켰다.

김선동은 끌려 내려와서도 "이토 히로부미를 쏜 안중근 의사의 심정이었다. 지금 심정으로는 폭탄이라도 있으면 성공한 쿠데타라고 희희낙락하는 한나라당 일당독재 국회를 폭파하고 싶다."라고 서슴없이 말했다.

5) 강기정(17~19대 민주통합당 국회의원/광주 복구 갑, 현 광주광역시장)

1985년 전남대 삼민투위 위원장 출신, 1985년 보안법 위반 혐의로 징역 7년 자격정지 5년을 선고받았다.

6) 김경협(19~21대 민주통합당 국회의원/경기 부천 원미갑)

성균관대 삼민투위 산하 민중자주수호위원회 위원장 출신으로 1985년 국보법, 집시법 위반혐의로 징역 1년 6개월 선고받았다.

7) 민병두(17~20대 민주통합당 국회의원/서울 동대문을)

1981년 학림사건, 1988년 제헌의회그룹사건에 연루되어 3년 6개월을 복역했다. 학림사건은 1981년 8월 적발된 전국민주학생연합(전민학련)과 전국민주로동자연맹(전민노련)사건과 연계된 사건이다. 2018년 3월 10일, 탐사보도언론 뉴스타파에서 미투 폭로 기사가 나오는 바람에 결국 의원직을 그만두었다.

8) 이학영(19~22대 국회의원 더불어민주당, 현재 국회 부의장/ 경기 군포)

1970년대 최대 공안사건인 '남조선민족해방전선' 사건에 연루되어 5년형을 받은 국보법 전과자이다.

이학영은 그 외에도 공작자금 조달을 위한 목적으로 차성환, 박석률과 함께 1979년 3월 25일 서울 종로1가 보금장(금은방) 강도사건을 모의하였고, 또 4월 27일에는 서울 강남구 반포동, 동아건설 최원석 회장 집을 급습하고 경비원을 칼로 찌르고 도망친 장본인이다.

9) 은수미(19대 민주통합당 국회의원/비례대표, 성남시장 지냄)

남한사회주의로동자동맹 핵심멤버로써 1992년 국가보안법 위반혐의로 구속 강릉교도소에서 6년간 복역했다.

10) 김기식(19대 민주통합당 국회의원/비례대표)

참여연대 사무처장으로, 1986년 3월 『강철서신』의 저자 김영환 등 서울대생들이 주축이 되어 조직한 주사파 지하 조직 '구국학생연맹'에 소속되어 활동하였다.

1986년 5월 21일 부산 미문화원 방화 사건 이후 구국학생연맹 조직원 대부분이 공안 당국에 노출되었는데, 김기식도 1986년 11월 검거되어 국가보안법 위반으로 구속된 전력을 지닌 운동권 출신이다. 박원순 서울시장 후보 선거대책위원회 보좌관을 지냈다.

19대 비례대표 국회의원을 지낸 후 금융감독원장을 지내면서 4가지 의혹이 불거졌다. 국회의원 임기 말에 후원금으로 기부하거나 보좌직원들에게 퇴직금을 준 행위, 피감기관의 비용 부담으로 해외 출장을 간 일, 인턴과 함께 해외 출장 간 행위, 관광성 해외출장을 다닌 의혹 등으로 결국, 금융감독원장을 사퇴했다.

11) 노희찬(17,19~20대 정의당, 통합진보당 국회의원/서울 노원병, 경남 창원 성산구)

PD계열 운동권출신으로 인민노련 중앙위원으로 국보법위반 혐의로 징역 2년 6개월 선고받았다. 노동운동가. 정의당과 그 전신인 정당에 몸담으며, 심상정과 함께 대한민국 진보정당 소속으로 최초이자 단 둘뿐이었던 3선 의원이었다. 불법 정치자금을 받았다는 의혹이 제기되면서 결국 2018년 7월 23일 모친의 아파트 17층과 18층 사이에서 스스로 투신하여 생을 마감했다.

12) 심상정(17,19~21대 진보정의당 4선 국회의원/경기 고양·덕양 갑)

구로동맹파업 주동자로서 파업 이후 1993년까지 10년 동안 수배 생활을 하다가 체포되어 징역 1년 집유 2년 선고받은 전과자이다.

이처럼 지난 4·11총선에서는 민통당을 비롯한 통진당 등 각종 야당과 재야 좌파단체들에서 각종 반국가사범과 전과자들을 국회의원으로 출마시키고 유권자들에게 선동, 호소함으로써 적지 않은 찬성표를 얻어내어 많은 전과자가 국회의원으로 당선되었고 그들이 국회 내에서 파쟁을 일삼고 있으므로 대한민국 국회가 정상적으로 운영되지 못하고 있다. 이것은 대한민국 역사에 있어서는 안 될 수치스러운 일이 아닐 수 없다.

그리고 종북 좌파조직, 단체들의 활동에 대해서도 높은 경각심을 갖고 주시하면서 그들이 한 발자국도 움직이지 못하도록 하고 그 어떤 단서라도 발견하면 바로 경찰 당국에 신고하여 그 뿌리를 없애버려야 한다.

남한 사회에 현존하고 있는 모든 종북 추종 단체들은 그 어떤 조직, 단체를 막론하고 그 조직 단체들을 장악 지도하고 있는 담당자들이 바로 연락부의 어느 한 부서에 소속되어 있는 공작원이다. 그러니까 현존하고 있는 모든 단체의 수명은 그 담당 공작원의 조직적 수완에 달려 있는 것이다.

그런데 현재 연락부에는 특수공작에 상응한 천부적 기질을 겸비하고 있는 그런 공작원이 매우 적기 때문에 고민하는 실정이다.

그리고 공작원을 양성하는 양성체계도 그렇다. 특수공작에 상응한 천부적인 기질(혁명가적 자질)을 겸비하고 있는 공작원을 구하기도 매우 어려운 상태이다.

이처럼 혁명가적 기질을 겸비하고 있는 공작원이 얼마 되지 않는데다가 또 공작원을 양성한다는 그 양성체계도 엉망이니까 다

방면적으로 겸비된 공작원이 건재해 있을 수도 없는 것이다.

그러니 그런 공작원의 지도를 받는 현지조직 단체들의 수명이 더욱더 명백해진다.

이미 앞에서 언급되었던 '전교조'는 김대중 좌파정권 아래에서 '학교 폭력사태'를 일으키고 배후에서 조종하면서 위세를 과시해 왔다. 그러나 겉으로 보기에는 '전교조'가 마치 막강한 조직인 것처럼 위장된 것도 사실이다.

그리고 '결성선언문'이라는 것도 로동당 연락부의 공작팀에서 작성, 하달한 것이고 '참교육'을 표방한 '민족·민주·인간화교육'도 모두 대한민국의 '학교교육체계'를 뒤집어엎기 위해 공작팀에서 작성해서 내려보낸 각본이다.

'전교조'가 제아무리 위세를 부리고 있다 해도 명칭 자체가 말해주듯이 그 조직은 한 개 교원들의 노동조합에 불과하다.

하긴 '한민전'을 비롯한 '전국노련'이나 '전국연합', '한청련'과 같은 조직들은 '전교조'에 비하면 모두 상위 조직이지만 생겨 난 지도 이미 오래되었을 뿐더러 그동안 탄압도 받으면서 정체가 다 노출되어 모두 유명무실한 단체가 되고 말았다.

그렇다면 '전교조'는 어떤 단체인가? 그리고 '전교조'를 장악하고 있는 공작원은 어떤 공작원인가?

88서울올림픽이 한창 고조되고 있을 때 평소와 마찬가지로 마땅한 대상을 하나 물색, 포섭하기 위해 서울에 침투했다가 올림픽 경기장에서 경기를 관람하던 공작원이 중학교 교사들에게 손짓하며 말했다.

"어이 학생! 학생들 때문에 잘 보이지 않으니까 여기 와 앉아서 같이 보자구."

그러자 그들은 서로 마주 보고 웃으면서 "우린 학생이 아닙니다."그러면서 옆으로 다가와 앉았다. 그러자 그 공작원은 그들을 바라보며 말했다.

"학생이 아니면, 그럼 선생, 교사?"

"네, 중학교 교사입니다."

"그럼 내가 그만 실수를 했구만 그래요. 교사 선생님들을 알아보지 못하고 학생이라고 그랬으니… 참 미안하게 됐네요. 어서 이리들 와서 편히 앉으시오. 여기 자리가 많으니까."

이렇게 자연스럽게 접촉하고 올림픽 경기를 보며 이야기를 주고받다가 해질 무렵에 같이 나가서 저녁 식사를 하면서 대화를 이끌었다.

"이거 오늘 내가 선생님들을 미처 알아보지 못하고 학생이라고 했기 때문에 사과하는 뜻에서 한턱내는 거니까 어서 많이들 먹어라구요."

"아이, 선생님두! 그러면 우리가 어떻게 먹습니까? 오히려 어려워서 더 못 먹지요."

"하하 그런가, 그럼 그건 농담이라고 치고 어렵게 생각하지 말고 어서 맛있게 자시라구요."

이렇게 저녁 식사를 마치고 나서 소풍까지 하면서 동향을 타진해 보니까 매우 긍정적이었다.

그래서 소뿔은 단김에 빼랬다고, 그들을 금품으로 매수, 포섭해서 대동월북을 시켜버렸다.

그런데 올림픽 기간이어서 출타 구실은 좋은데 현직 교사들이었기 때문에 평양에 오래 머물 수 없어서 금강산 관광으로부터 며칠 구경만 시키고 나서 다음번 겨울방학 때를 겨냥해서 그 기간에 교육하기로 약속하고 '여행비' 조로 큰 봉투를 하나씩 안겨주고 그대로 복귀시켰다.

그 후 겨울방학 때 다시 만나서 대동월북을 시켜 준비된 지도원들이 교대로 달라붙어 집중적으로 교육했다. 그리고 교육이 끝나는 족족 임무를 부여해 주고 그대로 복귀시켰다.

물론 휴전협정이 체결된 이후 반세기가 흐르는 동안 '반체제 민주화 투쟁'을 표방하며 소리없는 전쟁을 대리로 수행한 조직, 단체들도 많은 변화를 가져왔다.

대표적인 단체로 '한민전'을 비롯해 '전국노련', '전국연합' 등을 들 수 있으나 이 단체들은 그동안 탄압도 많이 받으면서 파괴된 단체도 있고, 정체가 다 노출되어 유명무실한 단체로 변해버린 조직들도 적지 않았다. 그러므로 새로운 조직을 만들기 위해 계속 기회를 노리고 있다가 드디어 김대중 좌파정권이 들어서자 1989년 5월 28일, '전국교직원노동조합'(이하 전교조)이라는 단체가 유리한 조건을 이용하여 더 활발한 활동을 하게 된 것이다.

이렇게 '전교조'라는 단체가 결성되자 북한의 조종하에 움직이고 있는 다른 단체들은 북한의 지령에 따라 '전교조'가 그 무슨 막강한 조직이라도 되는 것처럼 요란하게 선전하고 나섰다.

그러나 이제는 좌파정권 10년도 지나가고 지난 10년 동안에 의

지할 수 있었던 법적 제도적 장치마저도 모두 없어졌다. 그렇기 때문에 앞으로는 활동에서 여러 가지로 제약을 받지 않을 수 없는 것이다.

그런만큼 '전교조'의 수명은 현재 '전교조'를 장악하고 있는 공작원의 조직적 수완에 따라 좌우될 수밖에 없는 것이다.

그리고 북한 당국자들도 앞으로 대한민국 국민들로부터 응당한 징벌을 받지 않으려면 대남공작을 당장 중단하고 북한 주민의 인권을 보장해야 하며 북한 사회의 민주주의적 발전을 위해서 그 정도를 걸어야 한다.

3. '소리없는 전쟁'을 종식시키기 위한 대책

결론적으로 말하여 이 땅에서 '소리없는 전쟁'을 하루속히 종식시키기 위해서는 '소리없는 전쟁'을 대행하고 있는 종북 좌파 추종 단체 세력을 하나도 남김없이 모조리 척결해 버려야 한다.

다 아는 사실과 같이 북한 당국자들의 종국적 목적은 '김일성 족벌 왕조체제'를 한반도 전 지역에 확대 공고화하자는 것이다.

바로 이 목적을 달성하기 위해 '남조선혁명'과 '조국 통일'을 표방하며 대남공작을 그렇게 집요하게 전개해 온 것이다.

그러나 '국제공산주의운동의 역사'를 통해 증명된 바와 같이 북한 당국자들이 표방하고 있는 '남조선혁명'과 '적화통일'은 결코 실현될 수가 없다. 그리고 이제는 좌파세력들이 꼬리를 감추고 보수·우익진영이 당당히 일어설 때가 다가오고 있다. 북한 사회가 붕괴될 그 날이 점점 가까워지고 있기 때문이다.

지금 북한 사회를 지배하고 있는 주체세력들 가운데에는 '공산주의 혁명'이 불가능하다는 것을 모르는 자들이 없다. 그런데 왜? 그들은 북한 당국자들이 '남조선혁명'과 '적화통일'을 부르짖고 있는데 거기에 동조하고 있는 것일까?

북한에서는 누구를 막론하고 당의 방침에 따르지 않는 사람은 살아남을 수가 없다. 그렇다면 지금 북한 사회를 지배하고 있는 그 실세는 과연 얼마나 되는가?

바로 김일성 족벌 왕조체제를 유지하고 있는 김정은과 그 주변 일가들뿐이다.

솔직하게 말한다면 지금 중앙당 간부들 속에서도 김일성 족벌 왕조체제에 불만을 품고 있는 간부들이 수없이 많은 것이 사실이다. 그런데 그들은 지금까지 워낙 강한 독재에 시달려왔기 때문에 용기를 내지 못하고 서로 눈치만 보며 기회를 기다리고 있을 뿐이다.

동구 사회주의가 붕괴할 무렵, 1인 독재체제를 유지하고 있던 '루마니아의 수상' 차우세스크가 자기 권력을 아들에게 물려주려 하다가 루마니아 노동자들의 규탄을 받으며 노동자들에게 포위된 채, 노동자들의 손에 의해 처형된 사실이 있듯이 지금 북한 사회에서도 루마니아 노동자들 못지않게 '정의의 팔뚝'을 휘두를 때가 점점 다가오고 있다.

6·25 당시에는 우리 국군의 무장상태가 너무도 허술했기 때문에 속수무책으로 당할 수밖에 없었다고 하지만, 지금까지 대한민국 국민은 반세기가 넘도록 김일성 일당의 오만불손한 전쟁 도발 책동과 각종 테러 만행에 대해 그저 순한 양처럼 지켜보고만 지내왔다.

이제는 지하자원이 하나도 없는 대한민국이 세계 10위권 경제대국이 되었다. 그리고 각종 지하자원이 넘쳐나고 있다는 북한은 대한민국과 비교하면 경제력이 42대 1밖에 비교도 되지 않는다. 남북 간의 경제적 격차가 이렇게 크게 벌어지게 된 가장 큰 이유는 북한 당국자들이 김일성의 교시에 따라 대남공작과 핵, 미사일을 개발하는데 너무나도 막대한 재원을 탕진했기 때문에 북한의 경제가 다시 회복하기 어려운 파탄 지경에 빠지게 된 것이다.

그럼에도 불구하고 김일성은 1968년 1월, 과학원 흥남 부원장으로 있던 이승기 박사에게 국방과학원 원장직을 겸직시키면서 다음과 같이 역설하였다.

"지금까지 세계전쟁 역사에는 크고 작은 전쟁이 무수히 일어났다. 그런데 그 모든 전쟁에 미국이 개입하지 않은 전쟁이 없었고, 또 전쟁들이 모두 다른 지역에서 일어났기 때문에 미국 본토에는 아직 포탄 한 발 떨어져 본 적이 없다.

그런 미국에 핵폭탄이 하나 떨어지게 되면 어떻게 되겠는가? 미국 국민은 모두 들고 일어날 것이고 그렇게 되면 결국 미국놈들이 남조선에서 손을 떼지 않을 수 없게 될 것이다.

그러니까 우리는 미국놈들이 남조선에서 하루속히 손을 떼도록 하기 위해서도 핵, 미사일을 빨리 개발해야 하겠다."

그 후 북한에서는 김일성의 이 교시에 따라 핵, 미사일을 개발하는데 수천억 달러가 넘는 막대한 재원을 탕진함으로써 세상에서 가장 극빈한 나라 중의 하나로 변해버렸다.

그러니까 대한민국 정부가 이제는 주저하지 말고 북한의 각종 만행에 대하여 제때 응당한 징벌을 가해야 한다. 우선 이 땅에서 소리없는 전쟁을 종식하기 위해서는 북한이 대남공작을 포기하도록 해야 한다. 물론 북한이 대남공작을 포기하도록 한다는 것이 쉬운 일은 아니다. 그러나 그 외에 다른 방법이 없는 것만큼 우리는 북한 당국자들에게 압력을 가해서라도 무조건 그것을 관철해야 한다.

하긴 공산주의 혁명이 절대 불가능한 것이기 때문에 가만히 놔두어도 북한 당국자들은 스스로 대남공작을 포기하지 않을 수가 없다. 그러나 북한 당국자들이 스스로 포기할 때까지 기다리자면 너무도 오랜 세월이 흘러야 한다.

그 때문에 될수록 빠른 기간 내에 대남공작을 와해시키려면 북한 당국자들에게 다각적으로 압력을 가하여 전 조선 혁명을 포기하도록 해야 한다.

그러기 위해서는 우선 대한민국 정부가 대북 강경 자세를 확립하고 당당하게 행사해야 한다.

지금까지는 정부가 온화한 입장과 자세를 가지고 북한을 상대해 왔기 때문에 북한 당국자들이 정부를 무시하고 오만불손하게 행패를 부려온 것이 사실이다. 물론 과거에는 상대적으로 힘도 약했고, 또 미국이라는 우산 아래에 가려져 있었기 때문에 어떻게 할 수 없었지만, 이제는 힘의 대결에서도 우리가 압도할 수 있다.

그리고 북한군 병사들 가운데 60% 이상이 성분 불량자들이고 불평불만이 많으므로 만약 전쟁이 일어날 때 총부리를 그들에게 돌릴 수 있는 우려가 매우 크다.

북한의 군부 상층에서도 바로 이 문제를 가지고 크게 고민하고 있다. 때문에 대한민국 정부는 조금도 위축되지 말고 강경한 입장과 태도로 북한 당국자들에게 압력을 가해야 한다.

다음으로 소리없는 전쟁을 종식하는 데서 무엇보다도 중요한 것은 소리없는 전쟁을 대행과 있는 종북 추종 단체 세력들을 모두 척결해 버리는 것이다.

그동안 좌파정권이 김대중 정권으로부터 노무현 정권에까지 이어지는 10년 동안 대남공작원들이 휴전선을 넘나들며 남한의 민주통합당을 비롯한 각종 야당 단체의 주목되는 대상들을 포섭하여 밀입북시키고 그들을 혁명가로 육성하여 임무를 부여하고 재남파시킨 현지 공작원만 하여도 무려 10만 명이 넘는다.

그 중 핵심 인사들을 규합하여 1960년대 남조선혁명의 참모부였던 '통일혁명당'의 후신으로 1985년 7월 27일 '한국민족민주전선'(이하 한민전)을 결성하여 남조선혁명의 현지 당 지도부로서 북한의 전략 전술에 따라 남한 사회의 성격을 식민지 예속국가로 규정하고 전국교직원노동조합(이하 전교조)을 비롯한 각종 종북 좌파 단체들과 '전국연합', '한총련', '전대협', '구학련'과 같은 재야의 좌파세력단체들과 학생운동단체들을 선동하여 '국가보안법 철폐 투쟁', '반파쇼 민주화 투쟁', '평화적 조국통일 투쟁'을 조직 지도해 왔다.

그로 말미암아 휴전협정이 체결된 이래 오늘까지 반세기가 넘도록 남한 사회에서는 단 하루도 조용한 날이 없이 소리없는 전쟁이 계속되어왔다.

그 과정에 어떤 단체보다도 소리없는 전쟁을 가장 활발하게 전개해 온 조직 단체로 제일 먼저 척결해야 할 조직은 전교조이다. 전교조는 어느 종북 단체보다도 특출하게 벌써 몇 년째 '학교폭력사태'를 일으키고 배후에서 조종해 오고 있을 뿐만 아니라 또 2005년 10월에는 로동당 연락부와 사전연계하에 152명의 전교조 교사들을 이끌고 공공연하게 북한에 들어가 조선 로동당 창건 60주년 기념행사를 참관하고 만경대를 비롯해 금강산, 묘향산 등 중요명소들을 다 참관하고 돌아온 종북 추종 단체이다.

때문에 한국민족민주전선과 전국교직원노동조합은 그 어떤 단체 세력들보다도 제일 먼저 척결해야 한다. 그리고 그 외에 다른 조직 단체들을 순차적으로 척결해 버려야 한다.

그리고 이제는 북한의 민주화를 위하여 북한 주민들을 각 방면으로 지원해 주어야 한다.

지금 세계적으로 인권문제가 가장 심각하게 제기 되는 곳이 어딘가 하면 바로 북한이다. 북한 당국자들은 그만큼 세상에서 가장 간악한 인권 유린자로 낙인찍혔다.

그러니까 필요하다면 우리가 대북공작이라도 해서 북한의 우리

동포들을 구출해 내어야 한다.

필자는 2012년 '런던 올림픽'을 통해서 밤잠도 자지 않고 태극기를 흔들며 그렇게 열광적으로 응원하는 우리 국민의 '응원 열기'를 보면서 대한민국의 창창한 미래를 확신할 수 있었다. 나뿐만 아니라 모든 국민이 다 그렇게 느꼈을 것이다.

그러나 종북 추종자들은 우리 국민의 그 응원 열기 속에 단 한 명도 끼어들 수 없었다.

만약에 끼어들었다가 다른 좌파들의 눈에 띄면 어떻게 하려고? 그리고 종북 좌파들의 사무실에서는 TV 채널을 모두 다른 데로 돌려놓았기 때문에 대한민국 선수단의 경기를 볼 수 없게 해 놓았다. 그래서 대한민국 선수들이 뛰고 있는 것을 보고 싶으면 다른 사무실로 몰래 찾아다녀야 한다는 것이다. 그러니 이 얼마나 부끄러운 일인가?

이제는 종북 추종자들의 수명도 거의 다 끝날 때가 되었다는 것을 말해준다. 때문에 소리없는 전쟁을 하루속히 종식하고 대한민국 사회의 건전한 발전을 위해서는 종북 좌파세력들을 하나도 남김없이 모조리 소탕해 버려야 한다.

전술한 바와 같이 '달바라기'라는 말은 '해바라기'의 반대어로

맺는말 태양을 등진 '달바라기'란?

필자가 만들어낸 조어이다.

굳이 사전에도 없는 이런 조어를 이렇게 만들어내게 된 데에는 그럴만한 이유가 있다. 세상에는 나라도 많고 민족도 많지만, 북한처럼 통치자 하나를 잘못 만나 온 나라 백성들이 대대손손 학정에 시달리는 나라도 없다.

그럼에도 불구하고 북한에서는 김일성, 김정일을 '민족의 태양'으로 우상 숭배 하면서 북한에서 사는 모든 사람은 오직 그 '태양'을 따르는 '해바라기'라고 선전하고 있다.

그렇다면 그 체제 아래서 박해를 받는 절대다수 주민이 과연 '해바라기'란 말인가…?

아니다. 그 '태양'을 등지고 사는 '달바라기'이다. 하기에 그 많은 사람이 목숨 걸고 두만강을 건너 탈북 하는 것이며 그 수가 날을 따라 늘어가고 있다. 오죽하면 자기가 나서 자란 고향과 자기 조국을 등진 채 가족들을 버리고 탈북을 하겠는가… !?

태양을 등지고 사는 '달바라기'들 가운데에는 월남자 가족들도 있고, 북한으로 끌려간 납북자들도 있으며, 김일성에게 숙청당한 어젯날의 간부들도 있다. 그중에서도 가장 불쌍한 처지에 놓여있는 사람들이 바로 월남자 가족들이다. 월남자 가족들은 반동의 가족이라고 해서 그 누구보다도 처참하게 학대를 받고 있다.

　그런데 남쪽으로 월남해 온 그 당사자들은 북쪽에 있는 가족들이 자기 때문에 반동 가족으로 몰려 그렇게 혹독하게 박해를 당해왔는데도 불구하고 기회만 있으면 이산가족 상봉신청을 하고 있는데 상봉신청을 하면 할수록 북쪽에 있는 가족들을 더욱더 괴롭히는 것밖에 안 된다는 것을 알아야 한다.

　만약 김 아무개라는 사람이 상봉신청을 했을 때 북한에서는 그 상대방 가족들의 명단을 찾아서 북부국경지대에 추방돼 있으면 그 가족들을 평양시 변두리의 초대소에 데려다 놓고 옷을 한 벌씩 해 입힌 다음 집중 교육을 한다.

　"지금 아들 아무개와 손주 아무개들은 원산조선소에서 기술자로 대우받으며 일하고 있고, 우리는 원산시 멘션아파트에서 장군님의 은덕으로 행복하게 잘살고 있습니다. - 그동안 아버지, 할아버지는 얼마나 고생하셨습니까?"

　이렇게 하고는 1회 상봉으로 끝마쳐 버린다. 그러므로 1970년대부터 시작되었던 이산가족 상봉이 아직 1회 상봉으로 끝이고 마는 것이다. 원래 이산가족문제는 적십자의 이념에 따라 인도주의적 원칙에서 해결되어야 한다. 물론 북한 공산주의자들도 말로는 그렇게 주장하고 있다. 그러나 실제 행동에서는 정반대이다.

　북한 공산주의자들의 처지에서 볼 때 이산가족문제를 인도주의적 원칙에서 해결한다는 것은 곧 반동 가족들의 원을 풀어주는 것으로 되는데 과연 북한 공산주의자들이 그렇게 할 수 있단 말인가

- ? 그것은 도저히 불가능한 일이며 있을 수 없고, 상상할 수도 없는 일이다.

북한 공산주의자들이 진정으로 인도주의적 원칙에서 해결하려 했다면 이산가족들은 벌써 서신 거래와 자유 왕래도 하고 부분적으로는 자유의사에 따라 재결합도 이루어졌을 것이다.

그런데 북한 공산주의자들의 억지 주장으로 말미암아 이산가족 상봉은 번번이 1회 상봉으로 끝나고 마는 것이다.

엄밀히 말해서 김정은 족벌독재 체제가 존속되는 한 이산가족 문제는 결코 해결될 수 없으며 이 문제가 원만하게 해결되기 위해서는 무엇보다도 먼저 북한의 김정은 족벌독재 체제에 변화가 일어나야 한다.

북한의 최종목표는 어디까지나 전 한반도의 '적화통일'이다. '적화통일'을 기본내용으로 하는 로동당 규약이 수정되지 않는 한 북한의 위장평화 공세와 도발 행위는 앞으로도 계속될 것이며 그들의 테러 방해 공작이 더욱더 기승을 부리게 될 것이라는 것은 조금도 의심할 바 없다.

그런데 오늘은 또 '연평도에 포격'을 가하고 '천안함을 격침하는 도발 행위'를 서슴없이 감행하고서도 그것을 오히려 "남측의 조작행위"라고 억지를 부리고 있다.

그러다가도 긴장 상태가 완화되면 또 미사일을 발사하고 정세를 긴장시키며 "우리도 미국 본토를 타격할 수 있는 수단을 갖고 있으니까 그것을 인정하고 '조·미 양자회담'에 즉각 응하라."라는 식으로 엄포를 놓으면서 6자회담도 유효 적절히 이용하고 있다.

6자회담이라는 것도 그렇다. 그 6자회담이 언제 적부터 이어져 오는 6자회담인가? 1980년대부터 생겨난 6자회담이다. 그 사이 6자회담은 100여 차례나 열렸고, 북한의 기만선전 수단으로 이용됐다.

그리고 또 다른 한편으로는 폭풍전야에 다다른 권력층 내부의 알력과 모순, 그리고 북한 주민들의 반항 기세를 억눌러보려는 체제결속 수단으로 이용해 온 것이다. 그런데 그 미사일 발사도 아무런 효과 없이 끝나고 말았다. 그러니까 내일은 또 무슨 흉계를 꾸밀지! 그것은 아무도 모른다.

역사적 경험은 북한 공산주의자들과는 그 어떤 대화도 소용없으며 오로지 UN을 중심으로 한 국제적인 민주단체들의 단합된 힘으로 압박을 가하는 수밖에 다른 도리가 없다는 것을 말해준다.

끝으로 이 책이 자기 면모를 갖출 수 있도록 교정을 맡아주신 박찬순 교수님과 글마당 앤 아이디얼북스 최수경 대표님께 진심으로 감사를 드린다.

그리고 자칫하다 이 책이 세상에 나오지 못할 뻔했던 기막힌 사연도 있었다. 내 나이도 이제 일흔일곱이 넘었다. 평생 마지막 작품이 되리라 생각하고 시작한 이《달바라기》가 시작한 지 1년도 못 되어 노트북을 닫은 채 다시 열 수 없게 되었다. 그 몹쓸 병에 걸려 응급실을 거쳐 강북 삼성병원에 입원하게 됐기 때문이다.

'어떻게 할 것인가?' 얼마 동안이나 침대에 누워있어야 할지! 막막한 상태에서 MRI CT촬영을 하고 이것저것 검사하는 과정에 또 '폐암'이라는 진단이 내려졌다.

이게 무슨 날벼락인가? 이게 마지막인가 보다⋯! 이렇게 생각하니 눈앞이 캄캄했다. 어느새 옆에서 지켜보던 아내의 눈에도, 아들딸의 눈에도 이슬이 맺혔다. 이렇게 마음을 졸이며 나는 수술실로 넘어가고 가족들은 밖에서 뜬눈으로 밤을 새우고 있을 때 드디어 환성이 터졌다.

내가 수술을 받고 중환자실로 옮겨져 눈을 떴을 때였다. "여보! 수술이 아주 잘 됐대요. 힘을 내라 구요." 내 손을 잡으며 애원하듯 말하는 아내의 울먹이는 목소리였다. 그 후 나는 몇 달 동안 항암 치료도 받고 이런 약, 저런 약 좋다는 약을 다 써가며 고전하던 끝에 회복기에 들어섰다.

이렇게 해서 굳게 닫혀있던 노트북을 다시 열게 되었고 하루에 몇 장씩 치다가 힘들면 쉬고, 쉬다가 웬만하면 또 치고, 이렇게 노트북을 열었다 닫았다 하면서 또 몇 년을 각고하던 끝에 드디어 이 작품을 완성할 수 있게 되었다.

나는 이 마지막 작품 『태양을 등진 달바라기』를 완성할 수 있게 해준 강북 삼성병원 한원권 원장 이하 전 직원들에게 진심으로 감사를 드린다.

아무쪼록 이 기막힌 이야기가 많은 월남자와 납북자 가족들, 그리고 나라의 미래를 걸머지고 나아갈 믿음직한 우리 후대들 속에 많이 전해지기를 기대하면서 끝을 맺는다.

2012년 9월
저자

부록 1 | 김용규 선생은 누구인가?

유동열(자유민주연구원 원장)

I. 김용규 선생과의 인연

김용규 선생을 소개하기 전에 나와의 인연을 간략히 언급하겠다. 내가 김용규 선생을 처음 접한 것은 TV화면을 통해서이다. 김선생이 1976년 귀순하여 25년 만에 헤어진 가족(어머니, 형, 누나)을 상봉하는 장면이 KBS-TV 뉴스를 통해 방송된 것을 시청한 것이다. 그때 나는 고등학교 2학년생이었다.

이후 대학시절에 심부름을 갔다가 아버지 집무실 서재에 꽂혀 있는 『시효인간』(時效人間. 김용규 체험수기)이란 자서전을 보고, 집으로 가져와 상당히 흥미있게 읽었던 것 기억이 새롭다. 당시 아버지는 치안본부 대공분실 간부로 봉직하고 있었는데 김용규 선생은 대공분실 산하에서 북한의 대남공작을 분석하는 업무를 수행하던 내외정책연구소 연구위원으로 있어 책을 아버지에게 증정했던 것이다. 나는 『시효인간』을 접하면서 북한의 간첩공작에 관심을 갖게 되었으며, 당시 간첩 검거 임무를 수행했던 아버지의 업무에 대해서도 긍지를 갖게 되었다. 이는 내가 후에 북한의 대남간첩 공작 등 대남전략을 본격적으로 연구하는 계기가 되었다.

이후 내가 군복부와 대학원을 마치고 당시 치안본부(현 경찰청) 특별공개채용에 합격해 1989년 1월 치안본부 공안문제연구소 연구원으로 임용되어 공산주의와 북한의 대남전략 및 안보대책을 연구하였다. 당시 김용규 선생은 서울경찰국 대공전술연구소에서 연구위원으로 있었다. 1997년 김선생이 소속되었던 서울경찰청 보안문제연구소(대공전술연구소의 후신)가 경찰청 공안문제연구소에 통합됨으로써 나와 김용규 선생은 같이 근무하게 되었다. 김선생과 나는 직장생활을 통해 당연히 북한의 간첩침투 공작과 현안분석 및 전망에 대해 질문과 토론을 하면서 22년이라는 나이 차이에도 불구하고 이념적 동지로 인간적으로도 아주 친하게 지냈다. 이러한 인연으로 김용규 선생이 정년 퇴직한 이후로도 지속되었다.

II. 김용규 선생의 일생

김용규 선생은 1936년 4월 서울에서 태어났다. 6·25 남침전쟁 시 서울중학교를 재학중이였다. 1951년 1·4후퇴 시 패주하는 북한군에 의해 강제로 납북되었다. 1951년 5월 북한군 526군부대(대남공작부대, 황해도 황주 소재)에 강제 입대하여 지옥훈련을 마친 후 대남침투 루트공작원으로 배치되어 1년 6개월간 활동했다. 526군 부대원이 창설 당시 500여명에 달했으나 살아남은 사람은 단 6명에 불과했으니, 17세 소년 루트공작원 김용규의 생존력과 적응력은 뛰어 났다고 할 수 있다. 1952년 10월 '금강정치학원'(남로당계 주축의 대남공작원 양성소)에 입소하여 전문적인 공작원 교육을 받게 된다. 교육 중 박헌영계의 남로당 숙청작업에 의해 '금강정치학원'은 해산되고 많은 간부들이 처형되었는데, 김용규 교육생은 나이가 어려 남로당에 깊숙이 관여하지 않았고 루트공작의 성공적 수행의 공을 인정받아 '중앙당학교'(당 간부양성소)에서 6개월간 정규과정을 이수하였다. 이후 1953년 당 추천으로 '김일성종합대학 철학과'에 입학하는 영예(?)를 누렸다.

그러나 2차 남로당계 숙청 당시 중앙당 집중지도검열시 남한 출신이라는 이유로 1955년 10월 대학에서 강제 퇴학을 당하고 강원도 문천기계공장으로 쫓겨난다. 공장노동자로 지내는 동안 금강정치학원과 남한 출신이라는 이유로 갖은 수모를 겪었으나 이를 극복하였다. 여기서 만난 강순희라는 처녀 직공과 결혼을 하게 된다.(후에 3남을 둠) 문천기계공장 직공장을 거쳐 능력을 인정받아 문평공업대학 기계제작과에 입학, 졸업하고 다시 직공장으로 복귀하였다.

1967년 6월 당 연락부(대남간첩공작부서) 공작원으로 차출되어 공작원 활동을 수행했다. 1968년 3월 5일 제1차 인천공작시 남한에 침투한 것을 기점으로 1976년 9월 20일 귀순하기까지 9년 간의 공작원 기간 중 7차례 남파공작을 성공리에 수행하여 김일성으로부터 직접 1급 국기훈장과 2급 공훈메달을 받았다. 1972년 6월에는 정예 간첩양성소인 김일성군사정치대학(후에 김정일정치군사대학, 일명 금성학원)에 입학하여 2년간 정규 공작원과정을 이수하였다. 1976년 9월 20일 거문도 4차 공작 수행을 위해 거문도 서도리 침투 시 오랫동안 준비했던 귀순을 단행하기로 결심하고 조원 2명을 사살하고 자유에 품에 안기게 된다.

김용규 선생은 강제 납북 당해 25년간 북한에 살면서, 생존을 위해 김일성 정권에 순응하고 대남공작에도 진력하였으나 김일성 폭압집단과 공산주의체제의 패악성을 깊이 체험하고 자유대한민국인 조국으로 귀순의 기회를 엿보다, 북녘의 가족 때문에 수차례 망설였던 차에 단행한 것이다.

자수 이후 김용규 선생의 제보로 3개 고정간첩단을 일망 타진하였으며 북한의 대남공작 실상에 대한 증언은 자유민주주의 체제 수호에 큰 기여를 했다. 치안본부 내외정책연구소, 서울경찰국 대공전술연구소, 서울경찰청 보안문제연구소, 경찰청 공안문제연구소 등에서 연구위원으로 대공분석업무에 종사하며 각 대공기관에 자문을 하였다. 또한 대남공작 수기인 시효인간(1978), 『소리 없는 전쟁』(1999), 『김일성 비밀교시집』(2004), 『태양을 등진 달바라기』(2013) 등을 저술했다. 2013년 2월 폐암으로 투병하다 소천하였다.

III. 나오는 말

김용규 선생님의 일생은 정말 한편의 소설보다 더 드라마틱하다. 내가 기억하는 김용규 선생님은 업무 면에서나 인간 면에서 매우 성실하신 분이었다. 나의 거침없는 질문과 반박에도 화내지 않고 진지하게 설명해주셨고, 인간사의 기본예의를 철저히 지키는 분이었다. 환하게 웃는 김용규 선생님 눈가 안에 숨겨진 슬픔 모습(나만 느꼈던 것)이 아직 눈앞에 어른거린다.

"나는 오늘의 이 자유와 행복을 느낄 때마다 북녘 땅에 두고 온 가족 생각으로 슬픔에 젖곤한다. 지금쯤 갖은 곤욕에 시달리고 있을 사랑하는 아내와 귀여운 가족 자식 철호, 철준, 철민이를 생각하면 가슴 저미는 슬픔을 억제할 수가 없다. 그러나 이것이 어찌 나 하나만의 슬픔이랴! 1천만 이산가족들이 모두 함께 겪는 슬픔이며, 우리 민족 전체의 비극인 것이다. 오늘의 이 비극에서 벗어나는 길은 오직 이 땅에서 괴수 김일성 일당을 쓸어 버리고 멸공통일의 역사적 사명을 이룩하는 것 뿐이다."(『시효인간』, 김용규, 형문출판사, 1981판, 465~466면)

부록 2

1. 국가보안법 장례위원회 명단
2. 조선로동당 60주년을 참관한 전교조 명단
3. 김일성 비밀교시 – 대남관련 사업 관련
4. 김정일 비밀교시 – 군정 간부회의

북한 당국자들은 국가보안법을 거적으로 만들어놓고 화형식을 벌이면서 거적에다 불을 질러 불태워버리고 '국가보안법'이 죽어 없어졌다고 장례식을 지낸 다음 장례위원회 명단을 발표하였다. 명단은 다음과 같다.

1. 국가보안법 장례위원회 명단

■ 상임 공동준비위원장
권영길, 권오현, 김정헌, 김홍섭, 김충현, 명진, 문규현, 문대골, 성유보, 송병순, 오종렬, 유덕상, 이남순, 이상규, 이종린, 이해학, 임계란, 정현찬, 조찬애, 한상렬, 홍근수

■ 공동준비위원장
김동민, 김세균, 김용수, 김정명, 김한성, 나핵집, 남상현, 노숙희, 노희찬, 도강호, 박진석, 박판영, 송금란, 오동춘, 윤한탁, 이관복, 이장휘, 이정택, 이종휘, 임상규, 정광훈, 조순덕, 진관, 천영세, 청화, 최민희, 최창우, 학담, 홍순환, 황성익, 초림, 박석률

■ 고문
강희남, 권주환, 권처홍, 기세문, 김과열, 김근수, 김봉곤, 김수남, 김영옥, 박순경, 박성기, 박정숙, 박창균, 배다지, 신창균, 안재구, 안양희, 유용상, 이재환, 이해동, 최창원

■ 집행 및 기획단
집행위원장 박석운, 기획단장 김이경

■ 기획단
강형구, 김유진, 김종민, 박준형, 박희영, 휴선희, 이결석, 이정은, 이창희, 정선, 최영옥, 한현수

▶ 장례위원

■ 종교
강해윤, 권오영, 금강, 김경일, 김경호, 김대선, 김봉준, 김성복, 김성원, 김영기, 김영주, 도각, 도현, 무슬전, 박덕신, 박승렬, 안부경, 성관, 송용원, 여연, 오광선, 오정행, 원형은, 유곡, 윤금길, 이상효

■ 인권
강위원, 권성희, 김순심, 김성수, 김성찬, 김옥순, 김정숙, 김지영, 김호연, 오진민, 모성룡, 박미준, 박정형, 박영숙, 서경숲, 송병용, 심정희, 윤태관, 이기웅, 이순례, 이승용, 이영, 이은경, 이정규, 이정임, 이정태, 이창희, 임선순, 정규남, 정명성, 조응주, 최성욱, 최현하, 최현진, 학무권, 한상권, 황혜로

■ 법조
김남근, 김순교, 김형태, 박갑주, 심재환, 원민경, 윤인섭, 이정희, 장경욱, 조영보, 조당선, 홍용호

■ 통 일
강상구, 권낙기, 권오봉, 권오창, 김규철, 김선분, 김수룡, 김재봉, 김순기, 김한덕, 나창순, 노중선, 이창순, 류금수, 이인수, 박정숙, 박정평, 백종진, 서상원, 서순경, 소기수, 소륜, 송계채, 송세영, 신용찬, 안양희, 안학섭, 양은찬, 양희철, 우동촐, 유원규, 유원호, 이낙호, 이성근, 이창기, 이태형, 인송자, 임동규, 임찬경, 정두석, 정동익, 정연오, 한기명, 한세룡, 한충녹, 황건

■ 정당
김영욱, 김종철, 김종열, 김효웅, 박세일, 박창완, 신상식, 윤원석, 이근원, 이상현, 이선근, 이용길, 이용대, 이해삼, 정상환, 정대연, 정윤

광, 정종권, 조승수, 최규엽, 황이민

■ 노동
강경철, 강봉균, 강승규, 강찬수, 고종환, 금기송, 길기수, 김상환, 김성태, 김용백, 김종인, 김형근, 김형탁, 담병호, 박준석, 박춘호, 봉찬영, 손석형, 신승철, 양한웅, 염경석, 염성태, 오길성, 유재섭, 이경수, 이수호, 이용식, 이재웅, 이찬배, 이향원, 임성윤, 임용규, 정우달, 정의현, 조삼수, 차수련, 홍존표, 황일남, 황준영

■ 민중
강내희, 강찬석, 강호연, 김상곤, 김승국, 김정길, 도영호, 문치웅, 박자웅, 박승흡, 박영삼, 박순도, 배종렬, 변연식, 서경원, 서영석, 신승현, 심광현, 우득종, 원용진, 유재호, 유한경, 윤용배, 윤한봉, 이미혜, 이상훈, 이원보, 이정이, 이성희, 이천재, 이현대, 이혜수, 임옥상, 임정희, 임종철, 임철수, 정기용, 정수용, 정영섭, 정진구, 전진동, 조진원, 조정숙, 채만수, 최현오, 하연호, 하해룡

■ 여성
김귀옥, 김미숙, 김미희, 김선미, 김수임, 김순옥, 김엘리, 김정수, 김현희, 류은숙, 박수선, 손미희, 안상임, 윤금순, 윤여령, 이명희, 이정미, 이현숙, 장우영, 전은주

■ 빈민
김인수, 남경남, 장봉주, 최인기, 한기석

■ 농민
강기갑, 김광옥, 김용호, 민병무, 백규현, 손병국, 안동우, 정용기, 최명식

■ 청년
김영옥, 김용진, 김민선, 강상민, 김선예, 김선호, 기정선, 김종태, 김
준형, 김진환, 나진숙, 문옥주, 박승기, 박대홍, 박지현, 백남주, 서학
수, 양대석, 우대식, 이성재, 이재희, 임지훈, 전승원, 정은영, 정재욱,
정종성, 조경수, 조현실, 주지은, 진현철, 천기창, 최성택, 최용석, 추
민식, 홍상호, 황광인, 황민규

■ 보건
김정범, 기영도, 안준상, 주영수, 차수련, 최문석, 최인순

■ 학술
강인순, 곽분이, 김덕현, 김상일, 김서중, 김영석, 김영호, 김재진, 김
재현, 김종덕, 김준형, 박성환, 백좌흠, 서광모, 손호철, 석경정, 신경
득, 신대식, 안승욱, 유낙근, 이순례, 이승현, 이영수, 이창호, 이충희,
이호열, 임영일, 장상환, 정성기, 정상진, 정진상, 조건영, 진영종, 최
유진, 최태룡, 홍성태, 황갑진, 황보윤식

■ 시민
강경용, 권영숙, 김이성, 김정화, 노정선, 문은숙, 배경원, 손종채, 송
영도, 신연정, 유동성, 이상진, 이자현, 이정택, 이항우, 홍경희

■ 환경
김경화, 김재남, 김혜애, 박경주, 박영신, 정명희, 최승국

■ 양심수 대책위
강희, 곽병진, 권우철, 권태혁, 김봉주, 김삼석, 김성우, 김소중, 감찬
섭, 남수정, 류근필, 박기동, 박윤희, 박정훈, 박중석, 송성태, 심재현,
심주환, 오윤정, 유병서, 윤병선, 이경진, 이광복, 이덕재, 이상준, 이
승호, 이의협, 이정은, 이준구, 이창길, 이태경, 이현정, 임세륜, 장상

화, 조계성, 조은호, 조종안, 천세민, 최승기, 최진미, 최철원, 한용진,
한태우

■ 어민
김인규

■ 언론
강윤경, 오윤애, 우은영, 김경실, 김민경, 김서중, 김성원, 김유진, 김
은주, 나종선, 박진령, 방학진, 송덕호, 송환웅, 신태섭, 이경섭, 이광
인, 송지혜, 이유경, 이희완, 임종일, 임현구, 전미희, 정상호, 정영석,
정희종, 주동황

■ 참여단체
6·15 남북공동선언실현을위한불교연대, 건강권 실현을 위한 보건의료
단체연합, 경남대 민주교수협의회, 경상대 민주교수협의회, 국가보안
법폐지를 위한 시민모임, 기독교 사회선교연대회의, 김대원 석방대책
위원회, 남북공동선언 실천연대, 노동자의 힘, 녹색연대, 대한불교 조
계종민족공동체 추진본부, 민주노동당, 문화개혁을 위한 시민연대, 미
가협 양심수후원회, 민족민주열사 희생자추모단체연대회의, 민족자주
평화통일중앙회의, 동학민족통일위원회, 민족화합운동연합, 민족화해
자주통일협의회, 민주개혁 국민연합, 민주언론운동연합, 민주사회를
위한 변호사모임통일위원회, 민주주의민족통일전국련합, 반미여성회,
민주화실천가족운동협의회, 4월혁명회, 민족민주혁명당 구속자석방대
책위원회, 박정희기념관반대국민연대, 서울서부 민중연대, 사회주의
로동자동맹동우회, 실천불교전국승가회, 사회진보를 위한 민주연대,
영등포산업선교회, 원불교청년회남북한 삶운동본부, 자주평화통일민
족회의, 장기수송환 추진위원회, 전국목회자정의평화실천협의회, 전
국교수로동조합, 전국민주로동조합촌연맹, 전국농민회총연합, 한총련
합법화 범사회적인대책위원회, 청년통일광장, 한국민족운동단체연합,

전국민족민주유가족협의회, 전국여성농민회총연합, 전국빈민연합, 천주교인권위원회, 전국어민총연합, 조국통일범민족연합남측본부,조선일보반대시민연대, 천주교정의구현사재단, 천주교정의구현전국연합, 천주교 장기수가족후원회, 평화통일시민연대, 통일맞이늦봄 문익환목사기념사업, 한국로동조합총연맹, 전국대학총학생회연합, 한국비정규로동센터, 한국여신학자협의회,한국청년단체협의회, 전국대학신문기자연합

　이상 발표된 것이 국가보안법장례위원회 명단이다. 위 명단만 보아도 권영길 오종렬 이해학 등 21명의 상임공동준비위원장을 비롯해 장례위원이 모두 400여명이나 되는데 참여단체만 해도 '한민전'을 비롯해 60여개 단체나 된다.

　다음은 전교조가 로동당 연락부와 연계하에 130여명의 조직원들이 평양에 들어가서 북한로동당 창당 60주년 기념 보고대회에 참관하고 돌아온 전교조 조직원들의 명단이다. 사회에 미치는 영향력이 크므로 특별히 발표한다. 저자주)

2. 북한 로동당 60주년을 참관한 전교조 명단

■ 본부 - 5명
박미자, 오지연, 이원수, 김현식, 정미영

■ 서울 - 8명
유동걸, 김맹규, 성옥규, 윤웅섭, 강민정, 권태운, 노형래, 손경희

■ 경기 - 29명
박태동, 한정숙, 구등회, 유성주, 구윤미, 김정애, 김진아, 김찬수, 문혜춘, 김희정, 박미진, 박선은, 윤종민, 박성정, 박종철, 방영택, 배종현, 심은희, 이한재, 안성혜, 윤석동, 이경미, 이범희, 이종섭, 이효순, 최재경, 정용화, 정인숙, 홍계호

■ 인천 - 29명
장재호, 장태복, 강수린, 고은이, 김명숙, 김상미, 김세연, 김용운, 황경순, 이임섭, 김학경, 당현주, 문성희, 문은주, 박춘배, 백미경, 변윤섭, 성인숙, 성현주, 신효국, 양은정, 유순종, 윤석은, 이선혜, 이윤미, 이주희, 정영숙, 최미화, 한현진

■ 대구 - 8명
김병하, 김윤종, 박신호, 박영균, 박재범, 장성대, 전정호, 한유미

■ 부산 - 15명
김보영, 김승금, 김옥자, 박현숙, 서권석, 양혜정, 오문제, 이민화, 이연희, 이점숙, 정연배, 정지영, 하성원, 변창수, 함진숙

■ 경남 - 37명
강동선, 오혜진, 가은경, 구종현, 김종욱, 김행옥, 문병일, 박의영, 박정현, 박청진, 안향미, 이일단, 이재욱, 이종기, 정헌민, 차재원, 권용수 , 권중숙, 이위숙, 권승남, 김진문, 맹순도, 박무식, 황길동, 장시원, 서동원, 우윤희, 이동욱, 이상훈, 이지형, 전혜정, 조동흠, 조명수, 최순희, 조선아, 조주옥, 이형진

■ 광주 - 4명 / 양기창, 최인숙, 류향미, 정성홍

■ 전남 - 5명 / 고윤혁, 남주연, 나인국, 류덕용, 박병호

■ 전북 - 4명 / 김순길, 김영익, 김혜경, 이원애

■ 충남 - 5명 / 김대열, 김선희, 이순애, 이병희, 허영

■ 충북 - 1명 / 이영호

■ 제주 - 2명 / 김성률, 문경미

이상 152명이나 되는 전교조 조직원들이 북한과 사전연계를 해서 북한 로동당창건 60주년 기념행사를 참관하고 돌아왔다.

3. 대남사업관련 김일성 비밀교시

Ⅰ. **개요**
   (1) 문제의 제기   (2) 비밀교시와 당 정책

Ⅱ. **혁명전통 계승 전국 혁명**
   (1) 후계체제확립   (2) 전국 혁명
   (3) 전쟁 준비   (4) 남북 대화

Ⅲ. **지하당 공작**
   (1) 통일전선 공작   (2) 상층 공작
   (3) 노동계 침투   (4) 국군 와해 공작
   (5) 법정 옥중투쟁   (6) 문예활동
   (7) 교포공작   (8) 해외공작
   (9) 비밀단속   (10) 결정적 시기

Ⅳ. **결론**
   • 김정일의 군정 간부회의 대화록
   • 당의 유일사상체계 확립
   • 10대 원칙   (1) 문제의 제기

Ⅰ. 개요

(1) 문제의 제기

북한의 대남 혁명전략 전술에 관한 문제는 이미 여러 전문가에 의해 무수히 언급됐다. 그러나 그 대부분이 극히 일반적인 범주를 벗어나지 못하고 있으며 좌· 우 대립의 틀 속에서 흔히 흑백논리로 일관되기 일쑤였고, 학술적 연구라는 명분 아래 그 진수가 왜곡 전달됨으로써 과거는 물론, 현재까지도 정부 당국의 대북 정책 수립과 국가안보체계 확립에 많은 혼돈을 빚고 있는 것이 현실이다.

'6.15 남북공동선언'이 발표된 후에도 조국 동일 3대 현장 관철 주한미군 철수, 국가보안법 철폐, 국정원 보안수사대 해체 등 북한의 대남 공세가 계속되고 있음에도 불구하고 우리 사회 일각에는 다소 '변화를 보이는 북한의 겉모습에 환상을 가지고 햇볕정책'에 위안을 느끼며 통일이 다 된 것처럼 착각하는 경향이 나타나고 있는데 이것은 북한 공산주의자들의 속성을 모르는 데서 비롯되는 무지의 표현이며 극히 위험한 요소라 아니할 수 없다.

특히 송두율 교수를 둘러싸고 벌어지고 있는 정치 공방과 그것을 남북관계'로 미봉하려는 정치권의 작태는 그대로 묵과할 수 없는 북에 대한 맹종의 대표적 표현이다. 물론 송두율 교수를 감옥에 가두는 것이 능사가 될 수는 없다. 그렇다고 일부 정치권에서 미봉하고 있는 것처럼 덮어놓고 관용을 베푼다는 것도 용납될 수 없는 일이다.

전 조선혁명이라는 미명 하에 한반도의 적화통일을 목표로 하는 북한 로동당 규약은 아직 그대로 살아있고, 그 실현을 위한 투쟁은 계속되고 있다. 송두율 교수는 이 투쟁에서 30여 년 동안 활약한 핵심공작원이다.

누구나 로동당에 입당할 때에는 당과 수령에게 충성을 다짐하는 입당선서를 하고 입당한 다음에는 당의 유일사상체계 확립의 10대 원칙에 따라 임무 수행에 충실해야 한다. 그래야 신임을 받으며 그 지위를 유지할 수 있다. 송 교수가 18차례나 평양을 내왕하며 수십만 달러의 공작금을 받고, 김일성 장례식에 장례위원으로 참배했다는 것은 그만큼 충실했다는 증거가 된다. 그런 만큼 송 교수는 법 앞에 합당한 심판을 받아야 한다.

그런데 이 나라 국회에서는 그런 거물 공작원을 놓고 정치 공방까지 벌였으니 얼마나 한심한 작태인가?

다 아는 사실과 같이 북한의 대남전략 전술에 대해 학술적으로 연구한다는 것이 그리 쉬운 일은 아니다.

왜냐하면, 북한 공산주의자들은 모든 당 정책을 수립하고 시행하는 데에서, 특히 남조선혁명과 통일정책에 관한 중요한 전술적 문제일수록 '김일성 비밀교시'에 따라 극비로 다루고 있으므로 그 문헌적 근거를 찾아볼 수가 없다.

따라서 우리가 북한의 대남공작에 더 능동적으로 대처하기 위해서는 무엇보다도 '김일성 비밀교시'를 잣대로 하여 그들이 구사하는 전략 전술의 진수를 정확히 파악해야 한다.

1968년 7월 8일, 로동당 3호 청사 부장회의에서 김일성은 다음과 같이 역설한 바 있다.

"동무들은 우리 당의 전략 전술적 문제들에 대하여 공개해야 할 것과 공개하지 말아야 할 것, 공개해서는 안 될 것과 공개해도 무방한 것들을 엄격히 구분해야 합니다. 전략진술을 노출시킨다는 것은 곧, 군사 행동에서 작전기밀을 누설하는 것과 마찬가지로 혁명에서 패배를 자초하는 관건적인 문제로 됩니다. 통일전선 전술 역시 마찬가지입니다. 예를 들어서 우리 당이 남조선의 민족자본가와 부농, 종교인들을 일시적인 전술적 동맹대상으로 치부하고 있다는 사실을 그들이 알게 된다면 누가 우리하고 손을 잡겠다고 하겠습니까? 그러므로 지하당 통일전선 문제에 대해서는 신중히 다루어야 하며 당내에서도 극비에 부쳐야 합니다."

이와같이 전략 전술을 노출시킨다는 것은 군사 행동에서 작전기밀을 누설하는 것과 마찬가지로 혁명의 패배를 자초하는 관건적인 문제가 되는 것만큼 공산주의자들은 당의 전략 전술적 문제들에 대하여 각별한 보안 조처하고 있다.

그들이 이렇게 공개해서는 안 될 극비 사항에 대해 각별한 보안 조처를 하고 있으므로 현재 북한문제 전문가들이 활용하고 있는 북한의 공개, 일반화된 공식 문헌에서는 그들이 공개해도 무방한 그 이상의 전술적 가치를 기대할 수 없다.

그러므로 북한의 대남공작 전술을 연구하면서 그들이 공개, 일

일반화하는 자료에 대해서는 그것이 아무리 허술한 1차 자료라 할지라도 대공 정보학적 차원에서 재고되어야 하며, 역사적 경험 자료들을 역추적하여 그들이 감추고 있는 비밀을 알아내야 한다.

지나간 역사를 돌이켜 볼 때, 대한민국의 안보 상황이 오늘처럼 이렇게 위태롭게 된 것도, 북핵 문제를 비롯해 반미 자살테러가 국제적인 초미의 문제로 떠오르게 된 것도, 바로 '김일성 비밀교시'가 그대로 관찰된 결과이다.

이처럼 김일성 비밀교사가 누구도 무시할 수 없는 마력을 지니고 있다는 사실을 유념해야 한다. 물론 문헌적 근거를 찾아볼 수 없는 북한의 비밀교시 자료들을 수집한다는 것은 간단한 일이 아니다. 그러나 자료의 가치로 볼 때 충분한 자료가 수집되기를 마냥 기다릴 수도 없는 노릇이고 지금까지 축적된 자료를 그대로 사장한다는 것도 전문가로서 양심이 허락하지 않는다.

(2) 비밀교시와 당 정책

국제공산주의 운동 역사를 더듬어 볼 때, 그 어느 나라를 막론하고 수령, 당, 계급 간의 관계에서 당은 혁명의 참모부이며 수령은 당(계급)의 '최고 뇌수'라는 마르크스-레닌주의의 명제 아래 수령의 지위와 역할이 특별히 강조되고 있다. 그런데 유독 북한에서는 다른 모든 공산국가와는 달리 수령의 권위가 절대화, 신격화되고 있으며 김일성 주체사상 외에는 그 어떤 사상도 허용되지 않는 것이 특징이다.

당이 국가 위에 군림하고 수령의 교시가 곧 법으로 통한다. 모든 선거는 당에서 추천한 단일 후보에 대한 찬반투표로 시행되며 100퍼센트 참가, 100퍼센트 찬성으로 당선된다.

당과 정부의 모든 의사를 결정하는 당 대회라든가 당 중앙 전원회의 등에서도 모든 사안이 김일성의 혁명사상과 이론에 기초하여 보고서가 작성되고 보고에 대한 요식 토론을 거쳐 만장일치로 가결되며, 공개해서는 안 될 주요 시책들은 '김일성의 비밀교시'에 따라 비밀리에 집행되고 있다.

특히 남조선혁명과 조국 통일을 목표로 하는 대남공작은 법적 통제 속에서 남한 정권을 전복하는 혁명전쟁인 만큼 비밀사업 원칙에 따라 비합법으로 전개되게 된다.

이로부터 남북 대화를 비롯한 북한의 대남 혁명전략과 전술을 정확히 파악하기 위한 연구 활동에서 김일성 비밀교사를 숙지하는 문제가 필수적 요구로 제기되지 않을 수 없는 것이다.

따라서 북한학을 연구하는 전문가들은 '김일성 비밀교시'에 응당한 관심을 돌려야 하며 그것을 잣대로 하여 북한의 모든 전략 전술적 의도를 심층 분석해야 한다.

왜냐하면 '김일성 비밀교시'가 곧 그들이 감추고 있는 비밀을 알아낼 수 있는 열쇠가 되기 때문이다.

만약 그들이 공개 일반화하고 있는 공식 자료에 매달려 나타난 현상을 액면 그대로 보게 된다면 본의 아니게 우를 범하게 되는 것은 물론, 그 어떤 연구 성과도 기대하기 어려운 것이다.

Ⅱ. 혁명전통 계승

'김일성 비밀교시'는 혁명 발전의 매 단계, 시기마다 정치·경제·군사·문화·외교 등 모든 분야에 걸쳐 비공개로 행해지고 있으므로 해당 분야의 지도 핵심 간부가 아니면 접하기 어려운 것이 사실이다. 그러므로 북한 사회 전반에 대한 '김일성 비밀교시' 자료를 입수한다는 것은 사실상 불가능하다. 때문에 본 부록은 혁명전통 계승과 남조선혁명, 조국 통일에 관한 '비밀교시'를 요약 정리하는 데 한정시키지 않을 수 없음을 미리 고백해 둔다.

(1) 후계 체제 확립

북한에서 후계자 문제가 심각하게 대두되었던 시기는 1973년 무렵이었다. 소련에서 스탈린이 사망한 후 후르시초프가 스탈린 개인숭배 주의 배격 운동과 함께 그의 묘까지 파헤친 충격적인 사실이 일어나자 김일성은 조선에서 제2의 후르시초프가 나타날 것을 우려하여 연안파를 비롯한 당내 반대 세력을 모두 제거하고 무소불위의 1인 독재체제를 확립했다.

하지만 김일성 가계 우상화에 회의를 느낀 이완 감정은 권력층 내부에서조차도 허구한 날 조용한 날이 없었다.

남로당 숙청, 연안파 숙청, 갑산파 숙청에 이어 1969년 1월, 인민군당 4기 4차 전원회의에서 인민무력부 내에 군벌주의 종파를 형성했다는 이유로 김창봉 허봉학, 최광, 김양춘, 최민철, 김정태 등에 대한 대대적인 군부 숙청이 있었다. 1972년 2월 당시 김일성이 볼기 부위 수술 관계로 병실 침대에 누워있었는데 내각 부수상 김광현, 사회안전부장 석산동 측근들은 문병도 오지 않은 채 주연상(床)을 베풀어 놓고 후계자를 운운하는 등 지배층 내부에서 수령의 권위를 훼손하는 경향이 꼬리를 물고 일어났다.

그러자 김일성은 1973년 2월, 당 중앙 정치위원회를 긴급 소집하고 후계자 옹립 문제에 대해 다음과 같이 역설하였다.

"최근 소련 공산당과 중국공산당이 심한 우여곡절을 겪고 있는 것은 후계자를 잘못 선정한 데에 그 원인이 있습니다. 우리는 여기에서 심각한 교훈을 찾아야 합니다. 공산주의 혁명, 이것은 한두 대에 이루어 질 수 없는 노동계급의 숙명적 과제이며 역사적 사명입니다. 그러므로 우리가 개척한 혁명 위업을 끝까지 완수해 나가도록 하기 위해서는 우리가 건재해 있는 동안에 그 위업을 계승할 수 있는 후계자를 잘 선정하고 그의 유일한 영도체계를 공고하게 다져주어야 합니다. 그래야 소련과 중국의 전철을 밟지 않고 그 어떤 풍파에도 끄떡없이 혁명전통을 이어나갈 수 있습니다."

"스탈린은 말렌코프를 후계자로 선정했고, 모택동은 임표를 내세웠기 때문에 혁명의 대가 끊기게 된 것입니다. 혁명의 대를 이어나가자면 혁명의 2세, 즉 젊은 세대를 후계자로 내세워야 합니다. 혁명 1세들은 누구를 막론하고 권력에 탐을 내지 말아야 합니다. 그런데 우리 당내에는 아직도 권력을 넘보는 종파들이 꿈틀거리고 있습니다. 4기 4차 인민군 당 전원회의에서 폭로된 바와 같이 창봉이는 인민무력부장 겸 내각 부수상이라는 직위를 남용하여 2인자로 자처하면서 인민무력부 내에 소왕국을 꾸려놓고 자기가 후계자라고 떠들고 있는데 이런 배은망덕한 놈이 또 어디 있습니까? 내각 부수상 김광현이도, 사회안전부장 석산이도 역시 같은 놈들입니다. 이 자들은 내가 병원에 있는 동안에 술자리를 벌여놓고 다음은 누구 차례다 하면서 내가 죽기만 기다리고 있던 놈들입니다. 그래서 이 자들이 항일투사지만 묵과할 수 없었던 것입니다."

"요즘 후계자 문제가 거론되니까 일부 동무들이 조직담당비서를 들먹이고 있는 것 같은데 김영주는 내 동생이지만 혁명 1세이기 때문에 안됩니다. 혁명 1세가 권력을 넘겨받으면 권위도 서지 않고 종파를 극복하기도 어렵습니다. 지난날 우리가 남로당파를 비롯한 연안파, 갑산파 그리고 군부 종파들로부터 얼마나 거센 도전을 받았습니까? 그놈들이 감히 나한테까지 도전장을 던졌는데 누구를 무서워하겠습니까? 나도 서른네 살에 당수가 됐지만, 나이 30대이면 어린 나이가 아닙니다. 그러니까 우리가 살아있는 동안에 만경대 혁명학원 출신인 혁명 2세들로 후계체계를 꾸려주고 권위도 세워주고 자리를 공고하게 다져 줘야 합니다. 그래야 혁명의 대를 이어나갈 수 있습니다."

"그러면 누구를 후계자로 내세워야 하겠습니까? 솔직히 말해서 내가 마음 놓고 권력을 넘겨줄 수 있는 그 적임자는 정일이 밖에 없습니다. 물론 정일이 한테는 이러저러한 말썽도 있었지만, 그것은 어렸을 때 일이고 조금도 문제 될 것이 없습니다. 정일이는 배짱도 있고 끝까지 해 보겠다는 혁명가적 기질이 있습니다. 모자라는 것은 가르쳐주고 위주면 됩니다. 정일이를 후계자로 추대하고 그 주변에 우리 항일투사 2세들을 앉혀놓고 우리가 옆에서 지켜주면 됩니다. 그러니까 이제부터는 나보다도 정일이를 절대화하는데로 모든 선전수단을 동원해야 합니다. 일단 후계자로 추대한 다음, 그의 권위를 헐뜯지 못하게 하기 위해서는 전체 당원들과 근로자들에 대한 조직적 통제를 강화하고, 그들에게 잡생각을 할 틈을 주지 말아야 합니다. 당의 유일사상 체계확립의 10대 원칙을 만들어 2일 생활총화를 제도화하고, 유일사상체계에 어긋나는 온갖 불순한 요소들에 대해서는 비타협적인 날카로운 사상투쟁을 전개해야 합니다. 그리고 당, 정권기관 간부들은 물론, 모든 당원과 근로자들이 매일 초상화 앞에서 선서하고 일과를 시작하도록 함으로써 항상 긴장되고 동원된 태세를 견지하고 오로지 당과 혁명을 위하여 대를 이어가며 충성을 다하도록 해야 합니다."

돌이켜 볼 때 해방 후 반세기에 걸치는 북한 로동당의 역사는 각 파벌 간에 영도권 쟁탈하기 위한 끊임없는 패권 다툼과 피의 숙청으로 얼룩진 수난의 역사였다.

일당 독재의 그 무서운 철권통치 하에서도 김일성 일파가 그토록 잔인하고 무자비하게 숙청하지 않을 수 없을 정도로 남로당파를 비롯한 연안파, 소련파 등 당내 반대파 세력들의 도전이 끊임없이 이어져 온 사실들이 그대로 입증해 준다.

1953년, 남로당 숙청에 이어 8월 종파사건으로 일컬어지는 연안파 숙청, 소련파, 갑산파, 군부 숙청 등 수많은 정적을 모조리 제거하고 드디어 김일성 1인 독재체제를 확립했지만, 북한의 권력층 내부에서는 심지어 항일투사들 속에서까지 김일성 족벌 세습체제와 당의 유일사상체계에 반기를 드는 세력들이 머리를 숙이지 않았다.

이렇게 항일투사라는 측근들까지도 믿을 수 없게 되자 김일성은 조선에 제2의 후르시초프가 나타날 것을 우려하여 급기야 당 중앙위원회 정치위원회를 소집하고 아들 김정일을 후계자로 옹립하기 위한 각본을 꾸미지 않을 수 없었다.

김일성의 이러한 각본에 따라 정치위원회는 김정일을 후계자로 추대, 결정한 다음 1973년 2월에 그를 당 조직, 사상담당비 서로 임명함과 동시에 김일, 최용건, 최현, 박성철 등 자기 측근의 2세들을 당 중앙위원회 비서국과 정무원의 부장, 부부장급으로 등용하고 김정일의 후계체계를 뒷받침하는 3대 혁명소조를 급조하여 김정일의 권력체계를 다져 나갔다.

이렇게 하여 김정일은 전 세계 공정한 여론의 비난과 조소에도 불구하고 김일성의 아들이라는 한 가지 이유만으로 그의 후광을 업고 당과 군, 행정의 모든 권력을 한 손에 거머쥔 절대 권력자로서 김일성에 비금가는 '향도의 별', '통일의 구성', '떠오르는 태양'으로, 김일성 족벌 왕조의 황제로 자리를 굳히게 된 것이다.

(2) 전국 혁명

공산주의 혁명 논리에 의한다해도 자본주의 제도를 타파하는 노동계급의 사회주의 혁명은 변증법적 원리에 따라 자본주의 사회의 내적 모순을 타개하기 위한 대립의 투쟁으로서 남한 혁명은 어디까지나 남한사회 내부의 동인에 의해서 수행되어야 하는 것이다.

그런데 북한 공산주의자들은 남한 혁명을 전 조선 혁명의 한 부분, 즉전 조선 혁명에 복무하는 지역 혁명으로 간주하고 북한의 사회주의 혁명 기지에 따라 수행되어야 한다는 명분 아래 해방 후 오늘까지 대남 혁명 수출을 집요하게 시도해 왔다.

그러나 6·25 동란을 거치면서 1952년 말 1953년 초에 이르러 남한 지역에 잔존해 있던 이현상 빨치산 부대와 남도부 빨치산 부대들이 일망타진되고, 다른 한편 북한에서 대대적으로 자행된 남로당 숙청으로 말미암아 북한의 대남공작 역량은 전혀 없는 상태로 돌아갔다.

이로부터 북한은 휴전 이후 빈터 위에서 대남공작을 다시 시작하지 않을 수 없었다. 그러나 그 당시는 전후 복구건설 시기인 데다 경제 사정이 어려웠던 관계로 대남 공작에 많은 힘을 기울일 수 없었다. 그러다가 1960년 4.19가 일어나자 김일성은 남조선 혁명 정세가 성숙된 것으로 판단하고 로동당 4차 대회에서 "남조선 현지에 마르크스 레닌주의 당을 건설해야 한다."라는 새로운 방침을 제시하고 이효순을 국장으로 하는 '남조선사업국'과 그 예하에 대남공작 전담 부서로 '연락부', '문화부', '작전부', 그리고 대남공작원 양성기지인 '중앙당 정치학교'를 신설하는 등 대남공작 기구를 대폭 확장하고 6·25 당시 의용군으로 월북한 수천 명의 남한 출신들을 공작원으로 선발하여 대남공작을 본격적으로 재개하기 시작했다.

이렇게 1960년대에 들어서자 대남공작을 다시 본격화하면서 김일성은 정세가 변화될 때마다 3호 청사 부장회의 또는 대남 공작요원들과의 담화를 통해 지하당 공작을 비롯한 통일전선공작, 상층침투 및 노동계 침투, 군 와해 공작 등 공작 관련 비밀교시를 내렸다.

"우리는 조국을 통일시킬 수 있는 좋은 기회를 두 번 놓쳤습니다. 그 한 번은 6·25이고 또 한 번은 4·19입니다. 6·25 때에는 박현영의 허위보고 때문에 기회를 놓치게 되었고, 4·19 당시에는 연락부가 제구실을 다 하지 못해서 놓쳐버렸습니다. 그때 내가 함경도 지방에서 현지 지도하던 도중에 4·19가 터졌다는 보고를 받고 평양으로 달려올 정도로 연락부가 까맣게 모르고 있었습니다. 그래서 우리가 손을 쓸 수가 없었던 것입니다. 우리는 여기에서 심각한 교훈을 찾아야 합니다. 4·19는 남조선 혁명 정세가 무르익은 징조입니다. 이제 다시 한번 4·19와 같은 좋은 기회가 다가오면 이번에는 절대로 놓치지 말아야 합니다. 동무들도 이런 각오를 가지고 언제든지 기회가 오면 즉각 대처할 수 있도록 만반의 준비태세를 갖추어야 하겠습니다."(1974년 4월 대남공작 담당 요원들과의 담화)

"남반부 출신들은 남조선혁명과 조국 통일을 위한 투쟁에서, 없어서는 안 될 우리 당의 귀중한 보배입니다. 내가 왜 남반부 출신 간부들을 보고 금싸라기'라고 했겠습니까? 남반부 출신들의 처지에서 볼 때 조국 통일, 이것은 곧 자기 고향을 해방하고 부모 형제 자매들을 구출하는 투쟁과 직결됩니다. 지금 우리 앞에는 국토의 1/2과 인구의 2/3를 해방해야 할 과업이 그대로 남아있습니다. 그런데 여기에 가장 절실한 이해관계를 가지고 있는 그 주인이 누구입니까? 바로 남반부 출신 간부들입니다. 그래서 내가 남반부 출신 간부들을 가리켜 '금싸라기'라고 하는 것입니다. 앞으로는 남반부 출신 간부들이 더 높은 긍지와 자부심을 갖고 더욱 헌신적으로 투쟁하도록 하자면 그들에게 전망 직급도 주고 '금싸라기'처럼 아끼고 보살펴 주어야 합니다. 그래야 남반부 출신 간부들이 주인의식을 가지고 적극적으로 투쟁할 수 있습니다."(1974년 4월 대남공작 담당 요원들과의 담화)

"아직도 적지 않은 공작조들이 연고지 공작에 매달리고 있다는데 그런 공작은 가급적으로 삼가야 합니다. 연고지를 이용하는 공작은 처음 발붙이는 데는 유리하지만, 혈연관계로 얽혀진 조직은 가족주의적 경향으로 흐르기 일쑤이며 공고한 조직으로 발전할 수 없다는 것이 과거의 경험에서 얻은 결론입니다. 때문에 연고지 공작은 엄호 연락 거점을 구축하는 것으로 그치고 당 조직 관계는 발생시키지 말아야 합니다. 어디까지나 지하당 조직공작은 군중들 속에서 대상을 물색 선정하고 원칙적인 교양과정을 거쳐 당원

으로 입당시키고 조직 관계를 발생시켜야 합니다."(1975년 10월 3호 청사 확대간부회의)

"박현영을 비롯한 남로당 거두들을 모두 숙청하고 사형까지 시켰기 때문에 남조선 인민들 속에서는 우리 공화국 북반부에 대해서 배타의식을 가질 수도 있고, 또 적들은 이것을 좋은 악 선전 자료로 이용할 수 있습니다. 그러니까 동무들이 남조선에 내려가서 대상 공작을 할 때, 박현영이 미제의 고용 간첩이었다는 사실과 배철도 3·8선을 넘어 북으로 들어올 때 자충을 했다는 사실, 그리고 그들이 북반부에 들어와서 종파 행위를 한 그 죄행을 낱낱이 폭로하고 남로당을 숙청하지 않을 수 없었던 당시의 사정에 대해 잘 설득시켜야 합니다. 그래야 남조선혁명 가들과 인민들이 우리 당의 통일정책과 노선을 지지해 나설 수 있습니다."(1976년 8월 대남공작원들과의 담화)

"남조선 인민들을 정치적으로 각성시키는 데서 무엇보다 중요한 것은 그들의 머릿속에 박혀있는 공미 사상을 뿌리 뽑는 것입니다. 미국놈들을 무서워하는 공포증을 빼버리지 않고서는 계급의식과 민족의식을 높일 수 없습니다. 그러니까 동무들이 남조선에 내려가서 공작할 때 '푸에블로호 사건이라든가 이번 판문점 '미루나무 사건 같은 실례를 들어가며 미국놈들은 겁이 많은 놈들이고 죽는 것을 제일 무서워하는 종이 범이라는 것을 잘 일깨워 주어야 합니다. 그리고 만약에 이번에 또다시 전쟁이 일어나게 된다면 이번에는 미국 본토가 불바다가 될 것이라는 소문을 은근히 퍼뜨려야 합니다. 그래야 남조선 인민들이 더 용기를 가지고 반미투쟁에 떨쳐나설 수 있습니다."(1976년 8월 대남공작원들과의 담화)

"우리가 일제 식민지 통치 시기에 나라의 절반 땅만 해방시키자고 항일 무장투쟁을 했겠습니까? 그런 것은 결코 아닙니다. 그런데 미국 놈들이 남조선을 강점했기 때문에 아직 통일독립을 이루지 못하고 있습니다. 결국, 조국 통일의 관건은 미국놈들을 몰아내는 여부에 달려 있습니다. 미국놈들이 월남에서 손을 뗀 것처럼 남조선에서 물러나게 하자면 미국놈들이 골치가 아프도록 끈질기게 물고 늘어져야 합니다. 주한 미군의 야수적 만행과 각종 비인간적 범죄사실을 낱낱이 폭로하고 국제적으로 여론화하는 동시에 세계 도처에서 반미운동을 일으키고 미국 국민들이 반전운동을 일으키도록 해야 합니다."(1976년 8월 대남공작원들과의 담화)

(3) 전쟁 준비

1960년대에 들어서면서 중·소 이념 분쟁이 격화됨에 따라 사회주의진영의 통일단결이 약화되고, 남한에서의 5·16군사혁명과 쿠바의 카리브해 위기사태 등 국제정세가 긴장되게 되자 김일성은 자립적 민족경제 건설 노선'과 '4대 군사 노선', '경제건설과 국방건설 병진 노선을 제시하고 막대한 예산을 군사비로 지출하며 각종 군수공장을 신설 확장하는 등 전쟁 준비에 박차를 가하기 시작했다.

  그 후 김일성은 1965년 '통킹만 사태'로 인한 월남전의 확대와 1968년 1월 청와대 육박사건, '푸에블로호 나포 사건' 등 한반도 주변 정세가 긴장될 때마다 당 군사위원회를 비롯한 각종 비공개 회의 석상에서 전쟁 준비를 다그치면서 역설하였다.

  "남조선에서 미국놈들을 몰아내야 하겠는데 그놈들은 절대로 그냥 물러나지 않습니다. 그러니까 우리가 언젠가는 미국놈들과 다시 한번은 꼭 붙어야 한다는 각오를 가지고 전쟁 준비를 다그쳐야 합니다. 현시기 전쟁 준비를 갖추는 데서 무엇보다 시급한 것은 미국 본토를 타격할 수 있는 수단을 가지는 것입니다. 지금까지 세계 전쟁역사에는 수백, 수십 건의 크고 작은 전쟁이 있었지만, 미국이 개입하지 않은 전쟁이 없었고, 그 모든 전쟁이 타 지역에서 일어난 전쟁이었기 때문에 미국 본토에는 아직까지 포탄 한 발 떨어져 본 적이 없습니다. 그러면 미국 본토가 포탄 세례를 받게 된다면 어떻게 되겠습니까? 그때에는 상황이 달라질 것입니다. 미국 국내에서는 반전운동이 일어날 것이고 거기에 제3세계 나라들의 반미 공동행동이 가세되게 되면 결국 미국놈들이 남조선에서 손을 떼지 않을 수 없게 될 것입니다. 그러니까 동무들은 하루빨리 핵무기와 장거리 미사일을 자체 생산할 수 있도록 적극 개발해야 합니다."(1968년 11월 과학원 함흥분원 개발팀과의 담화)

  '푸에블로호'가 최첨단기술로 장비된 미 국가안전국 소속 정보

함이라는 보도가 나가니까 벌써 소련 군사 고문단에서 눈독을 들이고 '푸에블로호'를 감식할 수 있는 기회를 달라는 주문이 왔다고 하는데 절대로 그냥 공개하면 안 됩니다. 그동안 우리가 미사일을 가지고 얼마나 신경전을 벌였습니까? 감식할 수 있는 기회를 주더라도 이번에는 그 대가를 톡톡히 받아내야 합니다. 이번에는 소련에서 '프에블로호'를 보기 위해서도 미사일을 내놓지 않을 수 없을 것입니다."(1968년 4월 국방과학원 확대간부회의)

"지금 미국놈들은 '프에블로호'가 나포됐다고 해서 태평양 함대의 군함 32척을 원산 앞바다에 깔아 놓고 보복을 하겠다고 공갈을 치고 있는데 아직 그 선원들이 우리 손에 잡혀있기 때문에 미국놈들은 함부로 불질하지 못할 것입니다. 우리는 전쟁을 원하지도 않고 두려워할 것도 없겠지만 전쟁은 어떻게 해서든지 막아야 합니다. 이번에 또다시 전쟁이 붙게 될 경우에는 그 규모와 가열도에 있어서 6·25 당시와는 비교도 안 됩니다. 설사 전쟁에서 우리가 이긴다고 해도 양쪽 모두 쑥밭이 되겠는데 그동안 건설해 놓은 거 다 파괴시키고, 한 절반 죽은 다음에 통일을 시키면 뭘 하겠습니까? 그러나 미국놈들이 끝까지 전쟁을 강요한다면 우리는 사생결단을 하고 싸워야 합니다. 이번 전쟁은 우리 민족의 생사존망을 좌우하는 판가리 싸움입니다. 상황에 따라서 우리가 진격할 수도 있겠지만, 어떤 일이 있어도 물러서지 말고 진지를 사수해야 합니다. 적의 공격을 막지 못하고 밀리기 시작하면 갱도를 짊어지고 퇴각할 수도 없고, 그렇게 되면 그동안 힘들여 구축해 놓은 지

하갱도가 모두 무용지물이 되고 말 것입니다."(1968년 1월 당 군사위원회)

"현대전은 전방과 후방이 따로 없는 입체전이며 장기전입니다. 현대전의 승패를 좌우하는 관건은 장기전에 상응하게 누가 더 많은 전략물자의 예비를 조성하느냐 하는 여하에 달려 있습니다. 그러니까 우리는 적어도 3년분 이상의 전략물자 예비를 조성해야 합니다. 여기에서 가장 중요한 것은 식량입니다. 그런데 이번에 실사를 시켜보니까 식량은 6개월분도 여유가 없습니다. 그동안 농업위원장이 나한테 허위보고를 한 것입니다. 이제부터 우리는 허리띠를 졸라매고 식량 배급을 줄여서라도 3년분 이상의 군량미를 비축해야 합니다."(1968년 1월 당 군사위원회)

"적의 공격을 좌절시키기 위해서는 방어전과 함께 직후 종심에 제2 전선을 형성하고 배후를 강타해야 합니다. 그러기 위해서는 정보여단 주력부대가 삽시에 중심으로 침투할 수 있는 땅굴을 미리 준비해 두어야 합니다. 정보여단은 배후를 강타하여 적의 군사력을 분산시키는 것도 중요하지만, 파주나 동두천에 있는 미군 기지를 하나 포위하고 미군부대를 인질로 잡아두는 작전을 시도해 볼 필요도 있습니다. 이번에 보니까 미국놈들은 죽는 것을 제일 무서워하는 겁이 많은 놈들입니다. 미군부대를 인질로 잡아두는 작전이 성공되기만 하면 전쟁은 의외로 빨리 종결될 수도 있습니다."(1968년 1월 당 군사위원회)

"내가 왜 땅굴을 파라고 했겠습니까? 땅굴은 경보여단 주력부대가 순식간에 적 후방 종심에 침투할 수 있는 유일한 침투로입니다. 비행기나 배를 타고 들어갈 수도 있겠지만 시간이 많이 걸릴 뿐만 아니라 그런 방법으로 대병력이 침투한다는 것은 사실상 불가능합니다. 그러니까 돈이 들더라도 시간이 있을 때 전략적 요충지대 곳곳에 땅굴을 미리 파 두어야 합니다. 지금은 물론 힘도 들고 어렵겠지만 일단 전쟁이 일어났다 하면 그때에는 이 땅굴이 몇십 배의 진가를 발휘하게 될 것입니다."(1968년 1월 당 군사위원회)

"막상 전쟁이 일어났다고 가정했을 때 방어에만 급급해도 안 됩니다. 무슨 수를 써서라도 미국 본토를 강타해야 합니다. 미사일을 가져야만 때릴 수 있는 것이 아닙니다. 중남미에 나가 있는 특공대를 투입시키고 교포 조직을 동원할 수도 있습니다. 핵폭탄이 없으면 화학무기를 살포해도 됩니다. 죽을 각오를 하고 어떻게 해서든지 미국 본토에 혼란이 일어나도록 하기만 하면 됩니다. 본토뿐만 아니라 세계 도처에 널려 있는 미군기지를 폭파해도 좋습니다. 이렇게 매운맛을 보게 되면 미국 국내에서는 반전운동이 일어날 것이고 미국 놈들은 갈팡질팡하게 될 것입니다."(1974년 8월 당 군사위원회)

"고속도로가 있으면 좋다는 걸 모르는 사람이 어디 있겠습니까? 우리가 도로를 확장하지 않고 철도도 복선으로 깔지 않는 중요한 이유는 방어선이 무너져 전선이 밀리게 될 만일의 경우에 대비하여 적 기계화 부대의 발목을 잡아두기 위해서입니다. 2차 대전 당시 동구라파 전선에서 물밀 듯이 밀고 들어가던 히틀러 군대의 진격속도가 어디서 멎었습니까? 소련 국경을 넘으면서 멎었습니다. 소련의 철도가 국제 표준 규격보다 한 뼘 정도 넓었기 때문에 독일군 군용 열차가 탱크부대의 뒤를 따라 들어갈 수 없었던 것입니다. 바로 여기에서 스탈린이 숨 돌릴 여유를 갖게 된 것입니다. 이와 마찬가지로 만약 전선이 무너져 우리가 뒤로 밀리게 될 경우에 적 기계화 부대의 발목을 잡아두자면 지금은 다소 불편하더라도 철도도 단선 그대로 놔두고 도로도 재래식으로 그냥 놔둬야 합니다."(1968년 1월 당 군사위원회)

 "이번에 또다시 전쟁이 붙게 될 경우에 이 제공권을 장악해야 합니다. 6·25 때에 우리가 제공권을 빼앗겨 얼마나 많은 피해를 입었습니까? 그래서 그동안 우리는 공군력을 증강하는 데 많은 힘을 집중했습니다. 우리가 월남전에 공군을 지원했던 것도 조종사들을 훈련시키기 위한 것이었습니다. 월남전에서 소련, 중국, 그리고 우리 비행대가 교대로 하노이 상공을 지켰는데 우리 비행대가 지킬 때는 미국놈들의 비행기가 하노이에 못 들러 왔다고 합니다. 그만큼 미국놈들도 우리를 무서워합니다. 공중권을 지키기 위해서는 공군력을 증강하는 것도 중요하지만 지대공, 공대공 미사일을 비롯한 각종 포 화력으로 반 항공망을 형성하고 명중률을 높이도록 해야 합니다."(1968년 1월 당 군사위원회)

"핵미사일을 개발하는 데서도 이론에서는 뒤지지 않았고 장비가 문제라고 하는데 결국은 돈입니다. 그러니까 이제부터 외화를 벌어드릴 수 있는 방도를 찾아야 합니다. 전문가들의 이야기를 들어보니까 많은 투자를 하지 않고 외화를 벌 수 있는 가장 좋은 것이 아편이라고 하는데 그런 거라면 못할 것도 없지 않습니까? 한 번 대담하게 시도해 보십시오. 아편은 마약이니까 저 양강도 고산 지대에 일반인들이 출입할 수 없는 특별 구역을 만들어놓고 통제를 잘해야 합니다. 그리고 마약은 국제법상으로도 문제 될 수 있으니까 말썽 없도록 해야 합니다."(1968년 1월 당 군사위원회)

미군이 남한에 주둔하고 있는 현 휴전상태에서 북한의 처지에서는 모든 힘을 전쟁 준비에 쏟고 있는 것이 당연한 논리일 것이다.

이로부터 북한은 전후 복구건설의 어려운 시기에도 중공업의 우선적 발전, 특히 군수공업 발전에 힘을 집중하고, '자립적 민족 경제건설 노선'과 '경제와 국방 병진노선'이라는 미명아래 해마다 GNP의 20~25퍼센트에 해당하는 막대한 예산을 군사비로 지출하면서 전쟁 준비에 광분해 왔다.

그 후 1960년대 중반에 이르러 월남에서의 '통킹만 사태'와 1968년 '푸에블로호 사건' 등 한반도 주변 정세가 긴장되게 되자 김일성은 정세가 악화할 때마다 당 군사위원회를 비롯한 각종 비상 대책회의를 열고 첫째도 둘째도, 셋째도 자위적 국방이라는 구호 아래 전쟁 준비에 총력을 기울였다. 특히 동구 사회주의가 붕괴와 김일성 사망으로 국제적 고립이 가중되자 김정일은 '우리식

사회주의'와 '선군정치'를 표방하며 군사력을 강화하기 위한 고난의 행군을 강행하여 마침내 핵미사일 개발을 완성시켰다. 그 결과 오늘 북한은 미국을 상대로 공감을 칠 수 있을 정도로 세계 제5위의 막강한 군사력을 보유하게 되었다.

현재 북한은 전 인민의 무장화, 전 국토의 요새화, 전군의 간부화, 장비의 현대화를 기본내용으로 하는 4대 군사 노선에 따라 모든 군인이 한 등급 이상의 직무를 수행할 수 있는 '간부 군대'로 훈련되어 있고 110만 이상의 정규군에 '교도대', '로동적위대', '붉은청년근위대' 전 인구의 1/3 이상이 무장되어 있으며, 전방과 후방의 주요 군 사시설들이 모두 지하갱도에 대피할 수 있도록 전국이 요새화되어있다. 그뿐만 아니라 핵미사일을 비롯한 각종 현대적 신형무기, 대량 살상무기를 자체 개발하는 데 성공함으로써 이제는 미사일 수출국으로서의 위용을 떨칠 수 있게 된 것이다.

(4) 남북대화

공산주의자들의 대화 전술은 혁명 정세가 불리할 때, 시간을 벌기 위해 구사하는 위장평화 공세의 한 수단이며 공개 합법적인 통일전선 전술이다.

1960년대 중후반의 동베를린 사건, 통혁당 사건 등 연이은 대형 사건으로 말미암아 대남공작이 돌연 침체기를 맞게 되자 정세를 관망하던 북한은 때마침 남측에서 제의한 적십자회담에 응하지 않을 수 없어 휴전 후 처음으로 남북 대화가 성사되게 되었다.

1972년 8월 제1차 남북 적십자회담(평양)이 개최될 당시 김일성은 회담 대표들과의 담화에서 다음과 같이 역설했다.

"남북적십자회담이 개최된다고 하니까 일부에서는 통일이 무르익어가는 줄 알고 있는데, '이산가족 찾기'라는 그 자체로서는 흥미가 없습니다. 그러니까 적십자회담을 통해서 합법적 외피를 쓰고 남조선으로 뚫고 들어갈 수 있는 길이 트일 것 같으면 회담을 좀 끌어보고 그럴 가능성이 보이지 않을 것 같으면 남조선 측에서 당장 받아들일 수 없는 '반공법 철폐', '정치 활동의 자유'와 같은 높은 요구조건을 내걸고 회담을 미련 없이 걷어치워야 합니다. 그리고 회담이 진행되는 기간 이 회담장을 우리의 선전무대로 이용해야 합니다."

"적십자 이념도 좋고 인도주의 원칙도 좋지만, 문제는 혁명의 이해에 부합되어야 합니다. 현 단계에서는 이산가족 상봉이라든가 서신교환, 자유 왕래 같은 것은 우리에게 이로울 것이 없습니다. 반공법이 철폐되고 정치 활동의 자유가 보장된다면 자유 왕래도 해볼 만 하지만 그것이 전제되지 않는다면 아무 소용 없습니다. 그러니까 적십자회담에서도 너무 서두르지 말고 시간을 끌면서 기회를 노려야 합니다. 만약 회담이 진척되어 이산가족 상봉 단계에까지 간다 하더라도 판을 크게 벌이지 말고 이산가족 상봉도 우리의 감시권에서 이루어지도록 해야 합니다."

만약 남조선 측에서 우리의 요구조건을 받아들여 이산가족들의 자유 왕래가 실현되고, 정치 활동의 자유가 보장될 때를 대비해서 월남자 가족들과 월북자들 가운데 믿을 수 있는 사람들을 선발해서 공작원으로 활동할 수 있도록 미리 준비시켜 두어야 합니다. 지금 월남자들 가운데에는 돈을 많이 번 갑부도 더러 있지만, 밑바닥 인생을 헤매는 서민들이 절대다수입니다. 이들 모두가 우리 혁명의 기본 동력으로 될 수 있습니다. 월남자들은 그 동기와 경위가 어찌 됐든 우리 공화국을 배신하고 남쪽으로 도주한 사람들이기 때문에 그들 나름대로 죄의식을 느낄 수도 있는데 통일이 되면 일체 과거에 관해 묻지 않는다는 인식을 심어주어야 합니다."

"혁명을 하다 보면 때로는 암초에 부딪힐 때도 있고, 계급적 원수들과 협상테이블에 마주 앉을 수도 있습니다. 그러나 그 어떤 경우에도 공산주의자들은 주도권을 튼튼히 틀어쥐고 계급적 원칙을 철저히 고수해야 하며 한 치도 양보하지 말고 완강하게 밀고 나가야 합니다. 협상과 대화도 하나의 전투입니다. 적과의 전투에서 양보라는 것은 있을 수 없습니다. 설사 협상이 결렬된다 해도 아까울 것이 없습니다. 그리고 이왕에 결렬될 바에는 담벼락도 문이라고 두들겨 억지를 부려서라도 적들의 간담을 써늘하게 만들어야 합니다."

"계급적 원수들과는 타협이라는 것이 있을 수 없습니다. 적과 타협을 한다는 것은 혁명을 포기한다는 것을 의미합니다. 우리가 남조선 당국자들과 대화를 하는 것은 대화를 통해서 유리한 고지를 점령하자는데 목적이 있는 것이지 그들과 타협을 해서 현상을 유지하자는 것이 아닙니다. 그리고 대화가 결렬될 경우에는 그 책임을 적들에게 넘겨씌워야 합니다. 동무들은 항상 이 점을 명심해야 합니다."

"우리 북반부에는 민간단체가 없지만, 남조선에는 그 이름도 잡다한 민간단체가 수없이 많습니다. 그중에는 자생적 민간단체들도 있고 우리가 만든 민간단체도 적지 않습니다. 이러한 현지 실정을 잘 이용해야 합니다. 남조선 당국자들을 반민족적 분열주의 세력으로 몰아붙이기 위해서는 더 많은 민간단체를 만들어 남조선 인민들 속에서 통일 열기를 북돋우고 각종 조직 단지들을 동원하여 민간통일운동에 불을 붙여야 합니다. 그래야 통일문제를 둘러싼 모든 대화에서 적들을 파동에 몰아넣고 주도권을 잡을 수 있습니다."

Ⅲ. 지하당 공작

지하당 공작이라고 하면 남한으로 파견되는 공작원들이 지하당을 구축하고 조세력을 규합하여 혁명역량을 형성하며 남한의 자본주의 체제를 전복하기 위한 모든 공작 활동을 말한다. 지하당은 문자 그대로 합법적으로 존재할 수 없는 비합법 혁명조직인 만큼, 그 모든 활동은 비밀리에 행해지기 마련이다. 이런 의미에서 볼 때, 지하당의 모든 공작 활동이 비밀에 속하는 문제이지만 그중에는 일반 당원들에게는 공개하지 않고 각급 지도부의 핵심 간부들에게만 시달되는 극비 사항이 있다. 그것을 공작 영역별로 분류하면 다음과 같다.

(1) 통일전선 공작

통일전선이란 혁명의 일정한 전략적 단계에서 당면한 목적을 달성하는데 이해관계를 같이하는 각 정당 사회단체 및 개별적 인사들과 정치적 연합을 실현하는, 즉 동맹자를 전취하기 위한 공작 활동을 말한다. 공산주의자들의 논리에 따르면 혁명은 대중을 위한 대중 자신의 사업인 만큼 대중 자신이 참가하지 않고서는 승리할 수 없으며 혁명의 승패를 좌우하는 관건은 누가 더 많은 군중을 쟁취하는가 하는 그 여하에 달려 있다는 것이다. 이로부터 김일성은 남한의 각계각층 광범한 동조 세력을 규합을 위한 통일전선 공작전술에 대해 특별히 강조하고 있다.

 "동무들은 우리 당의 전략 전술적 문제들에 대하여 공개해야 할 것과 공개하지 말아야 할 것, 공개해서는 안 될 것과 공개해도 무방한 것들을 엄격히 구분해야 합니다. 전략 전술을 노출한다는 것은 군사 행동에서 작전기밀을 누설하는 것과 마찬가지로 혁명에서 패배를 자초하는 관건적인 문제가 됩니다. 통일전선 전술 문제 역시 마찬가지입니다. 예를 들어서 우리 당이 남조선의 민족자본가와 부농, 종교인들을 일시적인 전술적 동맹대상으로 치부하고 있다는 사실을 그들이 알게 된다면 누가 우리하고 손을 잡겠다고 하겠습니까? 그러므로 지하당 통일전선 문제에 대해서는 신중히 다루어야 하며 당내에서도 극비에 부쳐야 합니다."(1968년 7월, 3호 청사 부장 회의)

 "각 당 각파, 각계각층 인사들과 제휴 합작을 하고 그들과 통일전선을 한다고 해서 합작 상대에게 용해되거나 혁명의 목적에 위배되는 무원칙한 단결을 운운해서는 안 됩니다. 우리가 통일전선을 형성하는 궁극적인 목적도 현 정권을 타도하고 우리 수중에 정권을 장악하자는 데 있는 만큼, 통일전선 공작을 단순한 공동행동으로, 동등한 연합으로 보는 것은 잘못입니다. 통일전선체 내에서도 엄연히 주종관계가 있어야 하며 여기에서 합작 상대에게 먹힐 수 있는 그러한 통일전선은 하지 말아야 합니다."(1968년 7월 3호 청사 부장 회의)

"통일전선 공작에서 또한 우리가 주목을 돌려야 할 것은 전술적 동맹대상을 어떻게 처리하는가 하는 문제입니다. 동맹대상이 부농이나 민족자본가라고 해서 덮어놓고 경계하고 경원시한다면 결국 그들은 반혁명의 편으로 기울어지게 됩니다. 그 때문에 우리는 전술적 동맹대상의 2중성을 고려하여 단결하면서 투쟁하고 투쟁하면서 단결하는 원칙에서 단 한 사람이라도 놓치지 말고 우리 편으로 끌어당겨야 합니다. 만약 그들이 통일전선에 응하지 않을 경우에 그들과 합작은 못 할망정 반혁명의 편으로 넘어가지 못하게 압력을 가해서라도 최소한 중립이라도 지키도록 만들어야 합니다."(1968년 7월 3호 청사 부장 회의)

　"통일전선 공작에서 상 하층에 대한 개념을 똑바로 인식해야 합니다. 하층 통일전선을 위주로 해야 한다고 하니까 어떤 동무들은 노동자, 농민, 도시 빈민들을 무조건 하층으로, 그리고 정계, 사회계, 종교계의 지식층 인사들을 상층의 개념으로 이해하고 있는데 이것은 큰 잘못입니다. 실제로 통일전선 공작을 수행하는 그 집행단위가 어디입니까? 두말할 것 없이 그것은 각급 지하당 지도부이며, 각급 지도부가 1대1로 상대하는 대상 조직은 그 지역 단위에 있는 각 정당 사회단체 개별적 인사들입니다. 따라서 그 정당 단체의 지도부는 상층으로, 그리고 그 조직의 일반 구성원은 하층으로 구분하게 되는 것입니다. 그러니까 사회적 신분과 지위로 볼 때는 상류층에 속하는 정계인사라 하더라도 그가 소속 정당 단체의 일반 구성원일 경우에는 하층의 개념에 속하게 되고, 반대로 노동조합의 말단조직을 공작대상으로 했을 때는 사회적 신분이 노동자이지만 그 조합의 간부들은 상층의 개념에 속하게 되는 것입니다."(1968년 7월 3호 청사 부장 회의)

"또 하층 통일을 위주로 해야 한다니까 일부 동무들은 그저 덮어놓고 하층 공작에만 매달리고 있는데 하층 통일을 위주로 해야 한다는 우리 당의 방침은 어디까지나 일반이지 그것이 절대적인 것은 아닙니다. 현실적으로 지금 남조선에서는 신민당을 비롯해 각 군소 정당들과 언론단체, 종교단체의 상층 지도부가 군사정권을 반대하여 아주 잘 싸우고 있습니다. 이렇게 각 정당 단체 상층 지도부의 경향성이 좋을 경우에는 상층 공작을 위주로 하여 적극적인 공세를 취해야 합니다. 그래야 빠른 시일 내에 더 많은 공작효과를 거둘 수 있습니다."(1968년 7월 3호 청사 부장 회의)

"지하당 통일전선 공작은 적들의 탄압 속에서 재야인사는 물론, 때로는 우익단체 인사와도 접촉하게 되는 것만큼 항시적인 위험을 동반하게 되며 고도의 기술이 필요하게 됩니다. 그 때문에 각급 지하당 지도부는 이 사업을 아무에게나 맡기지 말고 전문적인 특수 공작조에 전담시켜야 합니다. 그리고 전문공작 소조원들도 대상과의 접촉 범위와 노출 정도에 따라서 수시로 교체해야 합니다. 그래야 적들의 탄압으로부터 피해 범위를 최소화할 수 있습니다."(1968년 7월 3호 청사 부장 회의)

(2) 상층 공작

"지금 남조선에는 5·16혁명으로 말미암아 폭삭 망한 사람들이 많습니다. 이들 모두가 박정희 군사정권에 대해 이를 갈고 있으며, 그중에는 정치인들도 있고 구 관료도 있고 양식 있는 지식인, 종교인, 언론인들도 많은데 김종태와 같이 우리하고 선이 닿기를 기다리는 사람이 얼마든지 나올 수 있습니다. 문제는 우리 혁명가들이 대담하게 접근해서 좋은 대상을 물색해야 합니다. 김종태와 같은 사람 서너 명만 잡게 된다면 남조선에서 혁명을 일으키는 것도, 조국 통일의 대 사변을 맞이하는 것도 시간문제입니다."(1969년 12월 대남 담당 요원들과의 담화)

"칠레에서의 아옌데의 경험은 선거를 통해서도 정권을 탈취할 수 있다는 충분한 가능성을 보여주었습니다. 아옌데가 실패한 원인은 선거를 통해 정권을 잡은 다음, 너무 급진적으로 개혁을 서두르다가 역쿠데타를 당하는 데 있습니다. 지금 남조선에서는 김대중 납치사건으로 말미암아 민심이 기울어지고 있습니다. 남조선 인민들의 반 박정희 감정을 잘 유도하여 김대중과 같은 명망 있는 인물들을 내세운다면 국회에도 얼마든지 파고 들어갈 수 있습니다. 이제부터는 대 국회공작에서도 프락치 공작에 그치지 말고 의석을 확보하는 공작으로 전환하도록 해야 하겠습니다."(1973년 5월 대남공작 담당 요원들과의 담화)

"유성근(전 서독 주재 한국대사관 노무관)의 경우를 볼 때, 남조선에는 고등고시에 합격하기만 하면 행정부, 사법부에도 얼마든지 파고 들어갈 수 있는 길이 열려 있습니다. 앞으로는 검열된 학생들 가운데 머리 좋고 똑똑한 아이들은 데모에 내몰지 말고 고시 준비를 시키도록 해야 하겠습니다. 열 명을 준비시켜서 한 명만 합격한다고 해도 소기의 목적은 달성됩니다. 그러니까 각급 지하당 조직들은 대상을 잘 선발해서 그들이 아무 근심 걱정 없이 고시 공부에만 전념할 수 있도록 물심양면으로 적극적으로 지원해 주어야 합니다."(1973년 4월 대남공작 담당 요원들과의 담화)

"중앙정보부나 경찰조직에도 파고들 수 있는 구멍이 있습니다. 공채 시험을 거쳐 들어갈 수도 있고 학연, 지연 등 인맥을 이용하는 방법도 있습니다. 남조선에서는 간부 사업이 그 어떤 당적, 계급적 원칙에 의해 이루어지는 것이 아니라 흔히 권력층의 인맥 관계에 의해 좌우되고 있습니다. 바로 이것이 자본주의 제도의 본질적인 약점입니다. 지금 남조선에서는 김종필 이후락 윤필용 간에 치열한 3각 암투가 벌어지고 있는데 이들의 알력과 갈등, 학연, 지연 관계를 잘 이용하면 권력 핵심부에도 얼마든지 파고 들어갈 수 있습니다."(1973년 4월 대남공작 담당 요원들과의 담화)

"남조선에 내려가서 제일 뚫고 들어가기 좋은 곳이 어딘가 하면 교회입니다. 교회에는 이력서, 보증서 없이도 얼마든지 들어갈 수 있고, 그저 성경책이나 하나 옆에 끼고 부지런히 다니면서 현

금이나 많이 내면 누구든지 신임받을 수 있습니다. 일단 이렇게 신임을 얻어 그들의 비위를 맞춰가며 미끼를 잘 던지면 신부, 목사들도 얼마든지 휘어잡을 수 있습니다. 문제는 우리 공작원들이 남조선의 현지 실정을 어떻게 잘 이용하느냐 하는데 달린 것입니다."(1974년 4월 대남공작 담당 요원들과의 담화)

"요즘 남조선에서 지식인, 종교인들이 아주 잘 싸우고 있습니다. 이제부터 남조선에 내려가서 지식인의 탈을 쓰고 박혀야 합니다. 현 단계에서는 노동자, 농민 열 명 스무 명을 포섭하는 것보다 그들에게 영향력을 행사할 수 있는 학생, 지식인 하나를 잡는 것이 월척을 낚는 것으로 됩니다. 또 남조선에는 흔한 것이 교수 박사입니다. 그 가운데 이 든든한 사람을 제외한 대다수 지식인은 어렵게 박사 학위를 따고서도 일자리가 없으므로 실업자나 다름없습니다. 요행 대학교수로 들어갔다 해도 인맥 관계에 밀리어 연구 활동의 기회를 얻기가 하늘의 별 따기만큼이나 어렵습니다. 이렇게 춥고 배고픈 교수 박사들에게 프로젝트를 하나 따주는 형식을 취한다면 그들을 얼마든지 끌어당길 수 있습니다."(1974년 4월 대남공작 담당 요원들과의 담화)

(3) 노동계 침투

"학생 지식인들의 운동만 하고는 안됩니다. 혁명 정세를 더욱 격화시키기 위해서는 노동자들이 들고일어나야 합니다. 노동계급이 일어나야 군사독재 정권을 강타할 수 있습니다. 그런데 지금 남조선 노동자들은 한국노총이라는 어용노조에 얽매여 있고, 또 복수노조 금지법, 쟁의 조종법과 같은 각종 악법으로 규제를 받고 있기 때문에 노동운동이 기를 펴지 못하고 있습니다. 남조선 혁명가들은 노동자들 속에 깊이 파고 들어가 그들을 의식화, 조직화하고 투쟁을 통해 부단히 단련시켜야 합니다. 그래야 결정적 시기를 앞당길 수 있습니다."(1976년 4월 대남공작원들과의 담화)

"한국노총은 관제 어용단체이며 각 산업현장에 이미 조직되어 있는 노동조합은 바로 그 한국노총의 산하 조직입니다. 이러한 어용노조를 그대로 두고서는 노동운동을 발전시킬 수 없습니다. 때문에 지하당 조직들은 각 단위 사업장노조들을 와해시켜 그것을 점차 지하당의 영향 하에 흡수하도록 해야 합니다. 어용노조를 와해시키기 위해서는 먼저 조합원들을 포섭 쟁취한 다음 노조 집행부의 비리를 폭로하고 노조 간부들과 조합원들 사이에 이간을 조성하여야 합니다. 그렇게 하여 다음번 선거에서 새 집행부를 신망 있는 우리 사람으로 교체시키도록 해야 합니다."(1976년 4월 대남공작원들과의 담화)

"남조선에서 노동자들이 드디어 들고일어났습니다. 사복 탄광의 유혈사태는 반세기에 걸친 식민지 통치의 필연적 산물이며 인간 이하의 천대와 멸시 속에서 신음하던 노동자들의 쌓이고 쌓인 울분의 폭발입니다. 지금 남조선에서는 노동자뿐만 아니라 청년 학생, 도시 빈민 할 거 없이 전 민중들이 이글거리고 있습니다. 남조선 혁명가들과 지하혁명 조직들은 이번 사복 사태가 전국으로 확산되도록 적극적으로 불을 붙이고 청년 학생들과 도시 빈민 등 각 계각층 광범한 민중들의 연대투쟁을 조직 전개하여 더 격렬한 전민 항쟁으로 끌어올려야 합니다."(1980년 5월 3호 청사 부장 회의)

"각 단위 노조를 조직한 그것으로 만족해서는 안 됩니다. 노동계급은 그 어느 다른 계급계층보다도 가장 혁명적인 계급이며 업종도 다양하고 광범한 영역으로 연결되어 있습니다. 노동조합을 강 유력한 혁명적 조직으로 강화 발전시키기 위해서는 우선 대기업 노조를 중심으로 하여 지역별, 업종별로 묶고, 전국적 규모의 조직으로 확대하고 정치세력화해야 합니다. 그래야 한 사업장에서 일어난 파업투쟁을 지역별 연대파업으로, 전국적인 총파업으로 확대시킬 수 있고 노동계급의 혁명적 위력을 발휘할 수 있습니다."(1987년 10월, 대남사업 담당 요원들과의 담화)

(4) 국군 와해 공작

남조선혁명과 조국 통일의 혁명적 대 사변을 주동적으로 맞이하기 위해서는 혁명의 주력군을 튼튼히 꾸리는 공작과 함께 반혁명적 무장력인 국군을 혁명의 편으로 돌려세워야 한다는 것이 북한 공산주의자 들의 논리이다. 이로부터 김일성은 대남공작원들과 면접할 때마다 군 침투 공작의 중요성에 대해 누누이 강조해 왔다.

"남조선 괴뢰군은 작전 지휘권도 없는 미제의 고용병으로써 식민지 대리 정권을 지탱하는 마지막 보루이며 남조선혁명과 조국통일을 가로막고 있는 반혁명 무장력입니다. 괴뢰군을 와해 전취하지 않고서는 조국 통일의 혁명적 대 사변을 주동적으로 맞이할 수 없습니다. 과거 1948년에 있었던 여수·순천 군인폭동과 표무원, 강태무 대대의 의거 입국 사건은 좋은 경험으로 됩니다. 남조선 혁명가들과 지하혁명 조직들은 혁명역량을 꾸리는 사업과 함께 괴뢰군을 와해 전취 공작에 항상 깊은 관심을 돌려야 합니다."(1968년 1월 대남공작 담당 요원들과의 담화)

"남조선 괴뢰군은 조국과 민족을 위한 군대가 아니라 자본주의 국가 권력에 의해 강제로 징집된 용병이기 때문에 사상적 지주가 없고, 사명감도 없으며 군복을 입은 노예나 다름없습니다. 이들이 누구를 위하여 무엇 때문에 총을 잡아야 하는지 자각하게 된다면 얼마든지 혁명의 편으로 돌아설 수 있습니다. 각급 지하당 조직들은 괴뢰군을 와해 전취할 수 있다는 신심을 가지고 이 사업을 대담하게 벌여나가야 합니다."(1968년 1월 상동)

"군 침투 공작에서 우리가 주목해야 할 대상은 중, 하층 장교들입니다. 지금 중, 하층 장교들 중에는 직위 불만자들이 많은데 그 대부분이 비 육사출신이며 또 육사 출신들 가운데서도 타 지역 출신 장교들은 경상도 출신한테 밀리어 소외감을 갖고 있는 실정입니다. 이러한 출신 지역과 육사, 비 육사간의 갈등을 이용하여 그들을 자극하고 희망을 불어넣어 준다면 얼마든지 혁명의 편으로 끌어당길 수 있습니다."(1968년 1월, 상동)

"연락부에서 아주 큰 일을 했습니다. 이번에 들어온 동무의 이야기를 들어보니까 역시 흥미 있는 대상은 예비역 장교들입니다. 이들은 많은 현역 장교들과 선, 후배 관계로 연결되어 있습니다. 남조선 사회는 돈 없이 살 수 없는 자본주의 사회이기 때문에 군에서 제대된 후에도 능력이 없으면 별 볼일이 없겠지만 대상에게 별보다 빛나는 자리를 만들어주고 돈 잘 버는 사업가로 등장시킨다면 많은 장교들을 자연스럽게 끌어당길 수 있습니다. 이렇게 예비역 장교를 포섭하여 얼굴마담으로 잘 이용하면 장교들과의 대인관계를 넓혀나갈 수 있을 것입니다."(1975년 2월 대남공작원과의 담화)

"과거에는 학생들에게 군 입대를 기피하도록 선동했지만, 이제는 그럴 필요가 없습니다. 남조선의 사회환경이 달라졌고, 학생들의 의식도 달라졌습니다. 남조선 군대가 식민지 고용병이고, 또 군대의 위상이 떨어졌기 때문에 이제부터는 오히려 자원입대하도록 적극 교양해야 합니다. 대 국군 공작을 보다 진공적으로 벌여나가기 위해서는 학생운동에서 검열되고 단련된 핵심들을 집단입대시켜 그들로 하여금 동료 사병들을 의식화하고 포섭하도록 하여 군대 내에 조직을 부단히 확대시켜 나가야 합니다."(1988년 8월 대남공작원과의 담화)

"윤 이병의 '양심선언'으로 보안사령부가 쑥밭이 되고, 괴뢰 군부가 걷잡을 수 없는 혼란에 빠져 흔들리고 있습니다. '양심선언' 한 마디가 이렇게 큰 파문을 일으킨 것입니다. 남조선의 군대를 와해시키기 위해서는 병사들과 중, 하층 장교들을 포섭 쟁취하는 공작과 함께 필요한 시기에 탈영, 항명, 하극상, 양심선언과 같은 각종 형태의 투쟁을 조직 전개해야 합니다. 그리고 각종 의문사 진상규명 투쟁을 전국적으로 벌여 군 내부의 비리를 폭로하면서 군부 상층을 압박해 들어가야 합니다. 그래야 군의 위상을 실추시키고 지휘 통솔체계를 마비시킬 수 있습니다."(1990년 10월, 대남 사업 담당 요원들과의 담화)

(5) 법정·옥중투쟁

법정투쟁, 옥중투쟁 전술은 지하당 조직원들이 남한의 수사기관에 체포됐을 경우에 법 체제의 미비점을 역이용하여 조직의 비밀을 엄수하고 피해 범위를 최소화하기 위한 교활한 전술이다. 원래 공산주의 혁명은 자본주의제도를 부정하고 폭력으로 전복하려는 적대행위인 것만큼, 법적으로 규제되기 마련이며, 활동 과정에는 어쩔 수 없이 체포되는 경우가 허다하다.

그리고 일단 체포되게 되면 수사기관으로부터 고문을 당하기가 일쑤이고 각종 회유 공작에 부딪히게 된다는 것이 그들의 논리이다. 이럴 경우에 대비하여 공산주의자들은 조직의 안전과 비밀을 고수하게 하려면 혁명의 길에서는 '살아도 영광, 죽어도 영광'이라는 구호 아래 사상 교양을 강화하면서 혁명적 지조를 지키고 조직의 안전과 비밀을 목숨으로 사수할 것을 독려하고 있다. 대남공작원들과의 담화가 있을 때마다 김일성이 특별히 강조하는 것도 혁명적 절개를 꿋꿋하게 지키고 혁명가답게 장렬하게 최후를 마쳐야 한다는 것이다.

"남조선혁명을 위해 투쟁하는 우리 혁명가들이 적들의 손에 잡히지 않는 것이 기본이지만 만부득이 적들에게 체포될 때도 있습니다. 이렇게 불가피하게 체포됐을 때에는 우선 모든 증거를 인멸시키고 유력한 변호사를 금품으로 매수해서 내세워야 합니다. 변호사는 법정에서 우리의 유일한 방조자입니다. 변호사에게 백만 원 쓰느냐 천만 원 쓰느냐 하는 그 액수에 따라서 그의 말소리가 달라집니다. 그리고 법정에 나서게 되면 예심과정에 있었던 진술 내용도 모두 번복시켜야 합니다. 그런데 왜 예심과정에 그렇게 진술했는가?라고 판, 검사가 물으면 경찰에서 하도 무지하게 고문하기 때문에 고문에 못 이겨 진술했던 것이라고 끝까지 버텨야 합니다. 그러면서 고문당한 상처와 흔적을 내보이며 적들의 야만적이고 비인간적인 전횡으로 역습을 들이대야 합니다. 그래야 죄가 감면될 수 있고 잘하면 무죄로 풀려날 수도 있습니다."(1968년 12월 대남공작원들과의 담화)

"고문을 하는 것도 기술이고 고문을 당하는 것도 기술입니다. 고문을 이겨내지 못하고 하나씩, 둘씩 불기 시작하면 또 나올 것이 있는 줄 알고 더 고문하기 때문에 결국 비밀은 지키지도 못하고 다 불어버린 다음에도 계속 고문을 당하게 됩니다. 그러니까 될수록 고문을 적게 당하고 비밀을 지키면서 고문을 이겨내려면 강인한 의지를 갖추고 완강하게 버텨야 합니다. 그리고 고문을 기술적으로 모면하기 위해서는 고문이 시작될 때, 먼저 자해행위를 해서 까무러쳐 버리는 방법을 쓸 필요도 있습니다. 그렇게 되면 고문하는 쪽에서도 흥미가 없기 때문에 제풀에 꺾이게 됩니다."(1968년 12월 대남공작원들과의 담화)

"설사 법정에서 실형을 받고 감옥에 들어간다 해도 혁명가들은 언제든지 구출될 수 있다는 희망을 품고 혁명가의 지조를 굽히지 말아야 합니다. 적들의 회유와 기만술책에 넘어가 전향을 한다는 것은 어리석은 망상입니다. 생각해 보십시오. 전향을 해서 감옥에서 풀려난다 해도 어디에서 누가 사람대접을 해주고 보금자리를 만들어주겠습니까? 지금 적들 간에는 치열한 사상전이 벌어지고 있으며 혁명가의 운명은 혁명의 길에 나설 때부터 이미 정해져 있는 것입니다. 사람은 죽어 이름을 남기고 호랑이는 죽어서 가죽을 남긴다는 말이 있듯이 자기의 정치적 생명을 더럽히지 않고 부끄럽지 않게 최후를 장식하기 위해서는 불요불굴의 혁명정신으로 옥중투쟁을 줄기차게 벌여야 합니다."(1968년 12월 대남공작원들과의 담화)

"남조선을 가리켜 법치국가라고 하고, 또 법은 만인에게 평등하다 하지만 역시 돈과 권력의 시녀 노릇을 하는 것이 황금만능주의에 물 젖은 자본주의 사회의 법조인입니다. '유전무죄 무전유죄라'는 말이 있듯이 판사, 변호사의 농간으로 사건이 뒤집히는 예가 허다합니다. 이것이 오늘 남조선의 법 실태입니다. 현지 당 지도부는 남조선의 이러한 법 체제의 미비점을 잘 이용해야 합니다. 중대한 사건일수록 법조계, 종교계, 언론계의 조직망을 총동원하여 사회적인 여론을 조성하고 사면팔방으로 역공을 펼쳐야 합니다. 그래야 법정 싸움에서도 우리가 승리할 수 있습니다."(1968년 12월 대남공작원들과의 담화)

"통일혁명당 지도부가 파괴됨으로써 우리는 막대한 손실을 보았습니다. 김종태 동무는 적들의 고문에 의해 옥사했지만, 혁명가로서의 지조를 굽히지 않고 탈옥도 시도하고 법정투쟁도 잘했습니다. 김종태 동무가 이렇게 묵비권을 행사하며 장렬하게 최후를 마쳤기 때문에 그 하부조직들이 살아남게 된 것입니다. 이 동무에게 당중앙위원회 정치위원에 버금가는 대우를 해 주어야 합니다. 그래야 남조선 혁명가들과 조직 성원들이 김종태 동무처럼 옥중에서도 혁명적 지조를 끝까지 지킬 수 있습니다."(1968년 12월 3호 청사 부장 회의)

박종철 사건을 계기로 남조선 대공 기관이 수세에 몰리기 시작했습니다. 이 얼마나 좋은 기회입니까? 지하당 조직 들은 때를 놓치지 말고 안기부와 남영동 대공분실을 고문 집단으로 몰아붙여야 합니다. 인권변호사를 앞세우고 언론, 종교단체 등 재야 정치인들을 총동원하여 여론 공세를 퍼부으며 학살 주범 처벌과 국가보안법 철폐, 공안 기구 해체를 요구하는 투쟁을 전개해야 합니다. 그래야 공권력을 무력화시키고 정치 활동의 자유를 쟁취할 수 있습니다."(1987년 2월 3호 청사 확대간부회의)

(6) 문예활동

혁명적 문학예술 작품은 많은 사람을 감동하게 하고 사람들의 의식을 개조하는 가장 좋은 사상 교양 수단으로 된다는 것이 공산주의자들의 논리이다….

이로부터 김일성은 남조선의 작가, 예술인들을 포섭 쟁취하는 공작과 함께 남조선 인민들 속에 더 많은 혁명적 문학예술 작품을 창작 보급하는 문제에 대해 매우 깊은 관심을 쏟고 있다.

"남조선에서 들여온 영화 비디오를 보니까 거기에도 재능 있는 작가 예술인들이 많습니다. 그런데 그중에서 잘 나간다는 몇몇 작가들을 제외하고 절대다수가 실업자나 다름없는 형편입니다. 이들에게 혁명적 세계관을 심어주기만 한다면 훌륭한 걸작들이 얼마든지 쏟아져 나올 수 있을 것입니다. 지하당 조직들은 남조선의 작가 예술인들을 더 많이 포섭하여 혁명가로 만들고 그들이 외롭지 않게 똘똘 뭉쳐서 혁명적 필봉을 들고 창작활동을 할 수 있도록 묶어 세워야 합니다. 그리고 작가들이 창작한 한 편의 시가 천만 사람의 가슴을 감동하게 하고, 총칼이 미치지 못하는 곳에서는 우리의 혁명적 노래가 적의 심장을 꿰뚫을 수 있다는 긍지와 자부심을 불어넣어 주어야 합니다."(1976년 8월 대남공작원들과의 담화)

"지금 남조선의 문예 인들이 아주 잘 싸우고 있습니다. 그들이 더 높은 혁명적 열의를 가지고 활동할 수 있도록 많은 교양 자료를 주고 창작 방법을 가르쳐 주어야 합니다. 사실주의에 기초하여 작품을 창작해야 한다니까 그 진수가 뭔지 잘 모르는 것 같은데 쉽게 말하면 작품 창작을 사실주의에 기초하되 혁명적인 관점을 가지고 혁명에 유리하게 작품을 써야 한다는 것입니다. 사실주의에 기초한다고 해서 있는 사실을 그대로 형상하려 한다면 좋은 작품이 나올 수 없고, 그런 작품을 가지고는 사람들을 감동하게 할 수 없습니다. 문학예술에도 허구가 있고, 또 작가들의 기교에 따라서 얼마든지 과장할 수도 있는 것입니다. 문제는 많은 사람을 감동하게 하고 심금을 울릴 수 있어야 합니다. 지하당 조직들은 남조선의 작가 예술인들이 사실주의에 구애되지 않고 대담하게 혁명적 기교를 발휘할 수 있도록 잘 이끌어 주어야 합니다."(1976년 8월 대남공작원들과의 담화)

남조선 인민들의 머릿속에 박혀있는 숭미 사대주의 사상을 뿌리 뽑고 그들을 정치적으로 각성시키기 위해서는 작가 예술인들이 미 제국주의 침략적 본성과 야수적 만행 그리고 비인간적인 각종 범죄사실을 폭로하는 작품들을 많이 창작하게 해야 합니다. 그리고 작가들이 창작한 작품이 잘 팔리지 않을 때는 지하당 조직들이 책임지고 팔아주고 대대적으로 뿌려주어야 합니다. 그래야 그들이 실망하지 않고 더 좋은 작품을 창작할 수 있습니다."(1976년 8월 대남공작원들과의 담화)

"소설뿐만 아니라 영화도 만들고 노래도 짓고, 좋은 그림도 많이 그리도록 해야 합니다. 어떤 동무들은 돈이 많이 든다고 난색을 보인다는 데 우리가 항일 빨치산투쟁을 할 때, 돈이 있어서 '바다'극본을 쓰고 연극 공연을 했겠습니까? 그러나 지금은 북반부의 강력한 사회주의 혁명기지를 가지고 있습니다. 그런데 무엇이 무서워 주저하겠습니까? 문제는 우리 혁명가들의 열정입니다. 돈이 들면 얼마나 들겠습니까? 돈 드는 거 아까워하지 말고 대담하게 일을 벌려야 합니다. 남조선 인민들을 정치적으로 각성시키고 혁명 투쟁에 동원할 수만 있다면 억만금이 들어도 해야 합니다."(1976년 8월 상동)

"영화나 소설 같은 작품을 창작하는 것도 남조선의 작가들에게만 맡려두면 안 됩니다. 장편소설을 하나 쓸리고 해도 시간이 오래 걸리기 때문에 많은 작품이 나올 수 없습니다. 그러니까 그들의 부담을 덜어주기 위해서도 우리의 작가, 예술인들을 많이 동원해야 합니다. 그리고 책도 남조선에서 찍은 것처럼 출판사와 작가 이름을 붙여서 우리가 만들어서 남조선으로 보내주어야 합니다. 문제는 사람들을 감동하게 할 수 있는 그런 작품을 많이 창작해서

보급하는 것입니다."(1976년 8월 대남담당 요원들과의 담화)

(7) 교포공작

"우리 공작원들이 남조선에 내려갈 때, 가지고 가는 카메라, 시계, 라이터 같은 장비를 어디에서 사 들여옵니까? 그런 것도 머리를 잘 써서 장비 담당 부서와 긴밀하게 연계하고 풀어나 가면 얼마나 좋습니까? 국외 교포들 가운데에는 장사하는 사람도 많다는데 우리가 그들의 물건을 많이 사주면 필요한 장비도 쉽게 구할 수 있고 그 교포들을 우리 편으로 만들기도 쉬울 것입니다. 얼마 전에 일본에서 신발공장을 경영하는 한 재일교포가 일본 정부의 민족차별정책으로 말미암아 공장 문을 닫을 형편에 처해있다는 보고를 받고 내가 그 신발을 몽땅 사서 평양으로 보내라고 했는데 그 후 그 재일교포는 완전히 우리 사람이 됐습니다."(1976년 2월 대남공작 담당 요원들과의 담화)

"지금 해외에 나가 사는 교포들은 그 대부분이 사업하다 실패를 했다든가 아니면 정치적인 관계로 도피했다든가. 여하튼 남조선에서는 살기가 불편하므로 고향을 등지고 나가 있는 사람들입니다. 그중에는 권력 싸움에서 밀려난 전직 고관들도 있고, 예비역 장성, 실업가 교인들도 많은데 일부 성공했다는 사람들을 제외한 대부분 사람은 설 자리가 없고 먹고살기 어려운 처지에 있는 사람들입니다. 이들이 얼마나 좋은 먹잇감입니까? 이들에게 미끼를 잘 던지

기만 하면 두 팔을 걷고 우리를 따라올 것입니다."(1976년 2월 대남
공작 담당 요원들과의 담화)

"해외로 이민 간 교포들도 관심의 대상입니다. 그들이 오죽했으
면 고향을 등지고 이민하였겠습니까? 이민을 하러 간 교포 중에
도 성공한 사람들이 있는가 하면 절대다수는 뜻을 이루지 못하고
절망상태에 빠져 있습니다. 이들 모두가 자기의 처지를 한탄하고
있으며 형편이 어려운 사람일수록 현 정권에 대해 이를 갈고 있
습니다. 이런 교포들을 잘 포섭해서 묶어 세우기만 한다면 강력한
혁명역량으로 자라날 수 있습니다."(1976년 2월 대남공작 담당 요원
들과의 담화)

"국외교포들 속에서 조직을 결성할 때에도 북과 연계되지 않고
교포들 자체로 묶은 조직인 것처럼 명칭을 잘 위장해야 합니다.
그래야 남조선의 정보망에 걸리지 않고 활발하게 움직일 수 있습
니다. 그리고 활동력 있고 천부적인 기질을 가진 대상들을 잘 훈
련해 직업적 혁명가로 키워야 합니다. 국외 교포들은 외국어에도
능통하고 세계 각국을 마음대로 내왕할 수 있는데 활동조건이 얼
마나 유리합니까?"(1976년 2월 대남공작 담당 요원들과의 담화)

(8) 해외공작

"국제혁명 역량을 강화하자면 합법적인 외교 활동 못지않게 해

외공작을 잘해야 합니다. 지금 제삼 세계 나라들 가운데에는 반미 성향이 있는 나라들도 있고, 미국의 압력에 굴복한 나라들도 있습니다. 또 친미 정권을 반대하는 혁명을 준비하고 있는 나라들도 있습니다. 이런 나라들에 파고 들어가 무기 자금도 지원해 주면서 해외공작 거점을 확대해 나가야 합니다."(1969년 11월 해외공작 담당 요원들과의 담화)

"쿠바 혁명이 승리한 결과 우리의 해외공작 활동 무대가 넓어졌습니다. 지금 라틴아메리카 지역에서는 쿠바 혁명의 영향을 받아 각종 좌익단체의 주도하에 민족 해방, 민족주의 운동이 활발하게 벌어지고 있습니다. 그런데 대부분의 운동단체가 매우 어려운 조건에서 활동하고 있습니다. 그중에는 모스크바의 루뭄바 대학을 거쳐 우리한테 와서 교육 훈련을 받은 지도자들도 많은데, 이제는 이들이 자기 나라에 훈련 교관을 파견해 달라고 요청하고 있습니다. 이 얼마나 유리한 조건입니까? 각 나라의 실정을 고려하여 적극적으로 지원해 주어야 하겠습니다."(1969년 11월 해외공작 담당 요원들과의 담화)

"체 게바라는 카스트로와 함께 쿠바 혁명을 승리로 이끈 국제적인 혁명가이며 라틴아메리카의 영웅입니다. 그는 쿠바 혁명정부의 요직도 마다하고 콜롬비아로 가서 콜롬비아 혁명을 위해 무장 혁명군을 조직하고 투쟁하다 희생됐습니다. 그만큼 체 게바라가 영도하던 무장혁명군은 그 어느 나라 무장단체보다도 혁명성이 강하고 견결한 투쟁조직입니다. 이런 조직 단체들은 혁명 동지로 여기고 적극적으로 도와주어야 합니다. 콜롬비아는 지리적 위치도 아주 좋습니다. 이런 곳에다 공작거점을 공고하게 구축해야 합니다."(1969년 11월 해외 공작담당 요원들과의 담화)

"반미 민족해방운동을 벌이고 있는 무장단체와 혁명조직들은 아프리카와 중동지역에도 많습니다. 팔레스타인 민족해방기구를 비롯한 수많은 혁명조직이 우리나라 혁명 경험을 배우기 위하여 평양으로 찾아오고 있으며 교육을 위탁하고 있습니다. 우리는 다소 부담이 되더라도 교육 훈련 시설을 더 늘리고 이들을 받아 들여야 합니다. 그리고 아프리카 중동지역에도 필요한 곳곳에 훈련 교관들을 파견해야 합니다. 그래야 우리 혁명의 국제적 연대성을 강화하고 지지자 동정자길 대열을 확대해 나갈 수 있습니다."(1969년 11월 해외 공작담당 요원들과의 담화)

(9) 범민련 운동

"지금 남조선에서는 수많은 진보적 민주인사들이 각종 재야단체에 결속되어 활발하게 움직이고 있습니다. 우리는 하루빨리 북과 남, 해외의 통일애국 역량을 총망라하는 전 민족 통일전선을 형성해야 합니다. 전 민족 통일전선을 형성하기 위해서는 물론 우리가 주동적으로 제기할 수도 있겠지만 남조선 혁명조직이 먼저 재야단체의 이름으로 발기하도록 하고 거기에 북과 해외 운동단체들이

호응하는 형식을 취하는 것이 더 자연스러울 것입니다."(1990년 5월 3호 청사 확대간부회의)

"남조선혁명과 조국 통일을 위한 투쟁에서 선봉적인 역할을 하는 그 실체는 뭐니 뭐니해도 역시 청년 학생들입니다. 이번 8.15에는 2차 범민족대회와 함께 북과 남, 해외 청년 학생들의 통일 대축전 행사도 거행된다고 하는데 청년 학생들의 3차 연합조직도 법인 산하의 법민족청년학생연합이라는 이름으로 거창하게 만드는 것이 좋을 것입니다. 그리고 범민련과 마찬가지로 범청학련에도 공동사무국을 설치 운영한다면 청년학생들의 통일운동이 더욱 활발해질 수 있습니다."(1991년 8월 3호청사 부장회의)

"적들의 탄압으로부터 허명역량을 보존하기 위해서는 무엇보다도 범민련 남측본부와 한총련에 대한 이적 규정을 철회시켜야 하며, 이를 위해서는 남조선 당국자들을 사대 매국적 반통일 세력으로 몰아붙이고 미군 철수, 국가보안법 철폐, 파쇼 폭압기구 해체 투쟁과 함께 범민련을 통일 애국단체로 부각시키는 합법화 운동을 대대적으로 벌여나가야 합니다."(1993년 8월 3호청사 부장회의)

"범민련 해외본부도 외형상 위력 있는 방대한 조직인 것처럼 위장해야 합니다. 이를 위해서는 해외 각국에 널려있는 전직 고관들을 많이 포섭하여 각종 명칭의 지역별 교포단체들을 조직하고 그들에게 감투를 하나씩 씌워주어야 합니다. 그리고 그들이 눈부시게 활동하고 있는 것처럼 널리 선전해야 합니다. 그래야 범민련의 위상을 높일 수 있고, 또 앞으로 만약에 남북 정당 사회단체연석회의 같은 것이 열리게 될 경우에는 그들이 각 단체의 대표 자격을 가지고 참석할 수 있습니다."(1993년 8월 3호청사 확대간부회의)

(10) 비밀 단속(김용규 선생 귀순에 대한 김일성의 충격 발언)

"내가 지도핵심을 육성하라고 했더니 연락부에서는 호랑이를 키웠습니다. 지도핵심 배신자가 나타난 겁니다. 기자회견 실황을 보니까 이번 거문도 사건은 어떤 우발적인 사고가 아니라 오래 전부터 계획된 배신행위였습니다. 영웅칭호까지 받은 놈이 그렇게 배신을 했으니 이제 누구를 믿고 공작을 하겠습니까? 연락부장은 그 자를 만난 지 얼마 안 됐으니까 몰랐다 치고, 지도원들은 10년 동안 얼굴을 맞대고 있으면서 그런 요소도 발견하지 못하고 뭘 하고 있었습니까? 동무들은 그저 공작경험이 많고 훈련을 잘 하는 영웅이라고 해서 무원칙하게 싸고 도는것 같은데 그런 머리를 가지고서는 혁명을 할 수 없습니다. 지금 당장 일체 공작을 중단하시오! 그리고 전반적인 사상 검토를 하고 공작원 대열을 정리하도록 하지요."(1976년 9월 3호청사 확대간부회의)

"일개 공작원이 어떻게 그렇게 많은 비밀을 알 수 있습니까? 누가 그렇게 하라고 했습니까? 필요 없는 비밀은 알려고도 하지 말아야 하며 필요 없는 사람에게는 비밀을 알려주지도 말아야 한다는 비밀사업 원칙이 있지 않습니까? 비밀단속을 그따위로 해 가지고 무슨 혁명을 하겠다는 겁니까? 각 초대소에 비치된 비밀자료를 당장 회수하도록 하시오. 그리고 이번 기회에 초대소에 드나드는 의사, 운전수, 공급 지도원, 식모들도 모두 비밀단속을 철저히 하도록 조치해야 합니다."(1976년 9월 3호청사 확대간부회의)

"다시는 그런 배신자가 나타나지 못하도록 경종을 울리기 위해서도 보복조치를 취해야 합니다. 시간은 빠를수록 좋습니다. 그 자가 알고 있는 비밀을 정보부에 다 털어놓은 다음에는 한 인간에 대한 보복에 지나지 않습니다. 그러니까 연락부장은 무슨 수를 써서라도 배신자의 말로가 이런 것이라는 걸 보여줘야 합니다."(1976년 11월 3호청사 확대간부회의)

(11) 결정적 시기

결정적 시기는 남조선혁명의 전 전략적 단계에서 단 한 번 밖에 있을 수 없는 혁명의 마지막 단계라는 것이 북한의 논리이다. 때문에 조국통일의 혁명적 대사변을 주동적으로 맞이하기 위해서는 결정적 시기를 적극 조성하고 그 계기를 적시에 포착해야 하며, 일단 계기가 포착된 다음에는 지체 없이 총 공세로 넘어가야 한다는 것이 김일성의 전략사상이다. 이로부터 김일성은 결정적 시기의 조성과 적시포착, 이용문제에 대해 특별히 강조하고 있다.

"결정적 시기는 저절로 오지 않습니다. 혁명정세는 오직 혁명가들의 끈질긴 노력에 의해 성숙되게 됩니다. 혁명의 객관적 정세가 아무리 성숙되었다 하더라도 혁명가들이 주동적으로 조성하지 않으면 결정적 시기는 절대로 오지 않습니다. 혁명적 대 사변을 주동적으로 맞이하기 위해서는 각종 형태의 대중투쟁을 적극 조직 전개하여 적들의 강경탄압을 유도해야 합니다. 경우에 따라서는 시위 도중 경찰에 의해 살해된 것처럼 위장하여 자해 공작을 할 필요도 있습니다. 시위 군중들이 동료들의 피를 보게 되면 더 격렬하게 일어나기 마련입니다."(1976년 8월 대남공작원들과의 담화)

"혁명의 전 전략적 단계에서 결정적 시기는 단 한 번 밖에 오지 않습니다. 결정적 시기를 조성하는 것도 중요하지만 그 시기 포착을 잘해야 합니다. 결정적 시기가 조성되었다 해도 그 시기를 포착하지 못하면 두 번 다시 올 수 없는 절호의 기회를 놓치게 됩니다. 4.19 때의 교훈을 되풀이 하지 말아야 합니다. 그때 우리가 좋은 기회를 놓쳤던 것처럼 평양에 앉아서 무전으로 보고나 받아서는 서울에서 일어나는 결정적 시기를 제때 포착할 수 없습니다. 그러니까 혁명 정세를 자체로 분석 평가하고 스스로 전략 전술을 작성할 수 있는 노숙한 혁명가들을 파견하여 현지당 지도부를 시급히 꾸려야 합니다. 조선 혁명을 모스크바에서 지도할 수 없듯이 평양에 앉아서 남조선혁명을 지도한다는 것은 혁명의 원리에도 맞지 않습니다."(1974년 1월 대남공작원들과의 담화)

"해외에 나갔던 전 정보부장 이후락이 지금 충무호텔 2층 특실에서 휴양하고 있다는 정보가 들어왔는데 연락부에서 그자를 평양으로 데려오도록 작전을 한번 해보시오. 지금은 공직에서 물러난 상태니까 경호원도 별로 없을 것이고, 장소도 바닷가니까 감쪽같이 잡아 올 수 있을 것입니다. 그리고 상대가 보통 인물이 아니기 때문에 혀를 깨물 수도 있습니다. 그러니까 자해하지 못하도록 강력 마취제를 써서라도 내 앞에 데려오기만 하면 됩니다."(1974년 4월 3호 청사 간부회의)

"연초부터 박정희가 긴급조치를 연발하고 있다는 사실은 그렇게 강한 탄압에 따르지 않고서는 더는 유신체제를 지탱할 수 없을 정도로 궁지에 몰렸다는 것을 의미하며 이것은 결정적 시기가 박두했다는 징조입니다. 우리는 유신체제가 더 굳어지기 전에 선 손을 써야 합니다. 남조선에서 대통령이 출두하는 행사 일람표를 보니까 해마다 8·15 광복절 경축 파티가 경회루에서 벌어지는데 매우 흥미 있는 곳입니다. 이번에는 1968년 청와대 육박 당시의 교훈이 되풀이되지 않도록 빈틈없이 잘 준비해야 합니다."(1974년 4월 3호 청사 간부회의)

"지금 남조선 정세가 매우 흥미 있게 발전하고 있습니다. 동아일보 광고 해약사태는 결정적 시기가 다가오고 있다는 징조입니다. 동아일보에 대한 구제 운동을 벌이는 것도 중요하지만 정세를 더욱 격화시키기 위해서는 이 사태가 장기화하도록 기름을 치고 부채질을 해야 합니다. 현지 당 지도부는 수단과 방법을 가리지 말고 광고주들에게 공갈, 협박해서라도 광고 해약자들이 더 늘어나게 만들어야 합니다. 이번 동아일보 사태를 잘 이용하기만 하면 결정적 시기가 성큼 다가올 수도 있을 것입니다."(1974년 12월 대남공작원들과의 담화)

"결정적 시기가 포착되면 바로 총공격을 개시해야 합니다. 전국적인 총파업과 동시에 전략적 요충지대 곳곳에서 무장봉기를 일으켜 전신 전화국, 변전소, 방송국 등 중요 공공시설들을 점거하는 동시에 단전과 함께 봉신 교통망을 마비시키고 임시혁명 정부의 이름으로 북에 지원을 요청하는 전파를 날려야 합니다. 그래야 남과 북의 전략적 배합으로 혁명적 대사변을 주동적으로 앞당길 수 있습니다."(1974년 12월 대남공작원들과의 담화)

"10·26사태는 결정적 시기가 다가오고 있다는 징조입니다. 박정희가 정보부장의 총에 맞아 죽었다는 사실은 권력층 내부의 모순과 갈등이 더 이상 지탱할 수 없을 정도로 첨예한 단계에 이르렀다는 것을 의미합니다. 적들은 지금 계엄상태를 선포해 놓고 서로 물고 뜯고 하고 있는데 이것이 얼마나 좋은 기회입니까? 연락부에서는 이 사태가 수습 되기 전에 선 손을 써야 합니다. 남조선의 모든 혁명역량을 총동원하여 전민 봉기를 일으킬 수 있도록 적극 유도해야 합니다."(1979년 11월 3호 청사 부장 회의)

"12·12사태는 미제의 조종하에 신군부가 일으킨 군사 쿠데타입니다. 계엄사령관 관저에서 총격전이 벌어졌다는 사실은 남조선 정세가 그만큼 걷잡을 수 없는 혼란에 빠져 있다는 것을 말해줍니다. 지금 남조선에서는 군 수뇌부가 갈팡질팡하고 있습니다. 연락부와 인민무력부에서는 언제든지 신호만 떨어지면 즉각 행동할 수 있도록 만반의 준비를 하고 24시간 무효상태로 들어가야 합니다."(1979년 12월 20일 중앙당 확대간부회의)

"남조선의 대통령이 각료들을 이끌고 동남아 순방한다는 정보를 입수하고 작전부에서 결사대를 파견해 보겠다고 했다는데 절대로 흔적을 남기지 않도록 틀림없이 해야 합니다. 미얀마가 허술한 나라라고 해서 너무 쉽게 생각하면 안 됩니다. 방문 일정에 따라 사전 답사도 해 보고 빈틈없이 잘 준비를 해서 감쪽같이 해치워야 합니다. 만약 이번 작전에서 성공하게만 된다면 결정적 시기가 성큼 다가올 수도 있습니다."(1983년 9월 3호 청사 부장 회의)

"전두환이가 드디어 백기를 들었습니다. 4·13호헌이요 뭐요 하다가 노태우의 6·29 선언이 나왔다는 것은 6·10 항쟁에 겁을 먹은 전두환 정권이 항복했다는 것을 뜻하는 것입니다. 현지 당 지도부는 앞으로 있게 될 대통령 선거에 대비해서 우리의 민주투사들을 상도동과 동교동 쪽으로 접근시키고 김영삼과 김대중으로부터 인정받도록 해야 합니다. 그래야 장차 그들의 후광을 얻고 제도권에 진입할 수 있는 길이 열리게 됩니다."(1987년 7월 3호 청사 부장 회의)

"서울 올림픽이 성공하게 된다면 그만큼 내외적 환경이 불리하게 됩니다. 올림픽을 파탄시킬 수만 있다면 좋겠지만 그것이 불가능할 경우에는 최소한 흠집이라도 많이 내도록 해야 합니다. 그러기 위해서는 수단과 방법을 가리지 말고 남조선 도처에서 폭발사고를 일으킨다든가 해서 각국 선수단과 관광객들 이 남조선에 안심하고 들어갈 수 없도록 공포 분위기를 조성해야 합니다."(1987년 7월 3호 청사 부장 회의)

IV. 결론

이상에서 본 바와 같이 김일성은 혁명의 매 단계, 시기마다 각 분야에 걸쳐 공식 절차를 통한 정책 결정 외에도 일반에게 공개되지 않는 '비밀교시'를 통하여 모든 사업을 추진하고 있다.

이러한 '김일성 비밀교시'는 그들이 공개해서는 안 될 그런 범주에 속하는 것으로서 어디에 가서도 그 문헌적 근거를 찾아볼 수 없다. 북한에서는 국가 위에 당이 군림해 있고, '김일성의 교시'가 곧 법으로 되는 것만큼 '김일성의 교시'가 모든 사업과 행동의 지침으로 될 뿐만 아니라 절대성, 무조건 성의 원칙에 의해 일사불란하게 관철되고 있다.

과거에도 그러했고, 현재에는 물론, 앞으로도 그러하리라는 것은 의문의 여지도 재론할 필요도 없는 것이다. 따라서 북한로동당의 모든 정책과 노선, 특히 대남 혁명전략에 관해 연구할 때, 그것은 응당 '김일성의 비밀교시'를 잣대로 하여 대공 전술적 차원에서 예리하게 분석되어야 한다. 흔히 일부 전문가들 속에서는 과거의 것은 낡은 자료라 하면서 덮어놓고 최근의 자료에만 치중하는 편향이 나타나고 있는데 이 역시 북한 공산주의자들의 속성을 모르는 데서 비롯되는 무지의 표현이다. 물론 최근 김정일의 새로운 '비밀교시' 자료가 있다면 그 전술적 가치가 기대될 수 있으며 우리는 응당한 관심을 돌려야 한다. 그러나 남조선혁명과 조국 통일에 관한 전략 전술의 기본 틀은 이미 김일성의 생존 시에 형성된 것이라는 점, 결코 소홀히 해서는 안 될 것이다.

더욱이 6·15 남북공동선언이 발표된 이후 다방면적인 남북 접촉과 교류가 이루어지고 있는 현시점에서 북한의 의도를 정밀 진단할 수 있는 그 유일한 열쇠가 바로 '김일성 비밀교시'라는 점, 우리는 깊이 인식하고 앞으로는 '김일성 비밀교시' 뿐만 아니라 '김정일 비밀교사' 자료를 발굴하는 작업에 많은 관심을 기울여야 할 것이다.

4. 군정 간부회의_김정일 비밀교시

본 비밀교사는 일본 「문예춘추」 2000년 12월호에 게재된 내용을 요약 정리한 것임(저자 주)

"우리나라에서 최초로 인공위성을 쏘아 올렸다는 소식이 퍼지자 세계 인민들 속에서 큰 파문이 일고 있다. 군국주의자들의 고립 암살책 동과 경제 봉쇄, 그리고 수년간 계속된 자연재해로 인해 난관을 겪으면서도 우리가 100퍼센트 스스로의 힘을 가지고 '광명성 1호'를 발사했다는 것은 우리식 사회주의의 커다란 승리라 할 수 있다. 이번에 발사한 최초의 '광명성 1호'는 자력갱생 정신의 산물이다. 우리의 힘과 기술을 확고히 믿고 앞으로는 이것보다 더 위력 있는 인공위성을 만들어 올려야 한다. 만일 우리가 조그마한 성과에 자만하지 않고 그 기세와 기백으로 돌진해 나간다면 우리는 언제나 무에서 유를 창조하며 불가능을 가능케 하며 화를 복으로 바꾸어 강성대국을 건설하면서 애로와 난관이라는 것은 결코 있을 수 없다. 강성대국의 최초의 포성은 이미 울려 퍼졌다. 이제 강성대국의 두 번째, 세 번째 포성이 잇따라 울려 퍼지도록 해야 한다."(1999년 2월 4일 당, 정 간부회의)

　"우리는 세계 반동의 원흉인 미제와 그 하수인인 남조선 반동과 직접 대치하여 혁명하고 있으나 아직도 나라의 통일을 이루지 못하고 있다. 우리 혁명의 장래에는 전에도 그랬지만 앞으로도 여러 가지 난관과 장애가 가로 놓여있으며 미제와 남조선 반동은 우리 공화국에 대한 침략과 전쟁책동을 한층 더 강화하고 있다. 이러한 조건에서 우리가 직면하고 있는 온갖 난관과 시련을 극복해 가면서 사회주의 위업을 강고히 옹호 고수하며 힘차게 전진해 나가면서 결정적으로 당과 함께 인민군대를 강화해 나가지 않으면 안 될

것이다."(1999년 2월 4일 군, 정 간부회의)

　"금창리 건설을 한층 더 진척시키지 않으면 안 된다. 금창리를 더욱 강화시키지 않고서는 사회주의 위업 수행과 군사력 강화는 있을 수 없다. 모든 것을 금창리 건설에 집중해야 한다. 인민군대를 강화하지 않으면 이미 쟁취한 혁명의 전취물을 끝까지 지켜나갈 수 없을 뿐만 아니라 사회주의 건설도 추진시킬 수 없고 나라의 통일도 성취할 수 없다."(1999년 2월 4일 당, 정 간부회의)

　"최근 제국주의자들은 반사회주의 운동을 한층 더 악랄하게 전개하면서 부르주아 사상을 퍼뜨리려 하고 있으며 남조선 당국자들은 전부터 꿈꾸어 오면 흡수통일을 꾀하면서 교류의 간판 아래 공화국 북반이다. 제국주의자들이 불어넣으려는 부르주아 자유화 바람에 제일 먼저 오염되는 사람들은 청년들이다. 청년들이 부르주아 자유화 바람에 오염되면 사회주의에 대한 신념을 잃어버리게 되며 자본주의에 대한 환상을 갖게 되고 마지막에는 자기의 조국과 인민을 배반하는 길로 빠져버리고 만다. 우리는 청년들 가운데서 당과 수령님에 대한 충실성 교육을 주안점으로 틀어잡고 주체사상 교육을 한층 더 강화함으로써 썩어 빠진 부르주아 사상이 파고들 수 있는 그 어떤 사소한 틈새도 주어서는 안 된다. 당 조직과 사청 조직들은 청년들 속에 깊이 파고들어 그들이 무엇을 생각하고 어떤 책을 읽고 어떤 노래를 좋아하는지 잘 파악하고 대상의 준비 정도와 특성에 맞게 교육사업을 짜고 들어야 한다. 청년들이 부화 방당한 노래를 부르지 못하게 하기 위해서는 그들의 심리에 맞는 혁명적이고 생활적인 노래를 많이 창작할 필요가 있다."(상동, 간부회의)

"자주성이 없게 되면 나라가 망한다. 동구의 사회주의 국가들은 대국이 말하는 그대로 하다가 망해 버렸다(중략). 일찍이 대국주의자들은 우리나라에 바르샤바 조약기구와 코메콘에 들어오라고 압력을 가해왔지만, 수령님은 들어가지 않고 철저히 독자성을 고수하시었다. 바르샤바 조약기구와 코메콘에 들어가지 않았던 것이 옳았던 것이다."(상동, 당정 간부회의)

"인간은 청년 시절에 어떤 교육을 받는가 하는 데 따라서 혁명가로 될 수도 있고 되지 않을 수도 있다. 청년들은 감수성이 예민하고 주위의 영향을 많이 받는다. 청년들은 진취적인 기상에 넘치는 정의감이 강하기 때문에 좋은 영향을 받게 되면 그것을 잘 받아들일 수 있다. 우리는 청년들을 잘 인도해 주면서 당과 수령님께 무한히 충실한 참된 청년 전위로 키워야 한다. 동구 제국들은 청년들에 대한 교육을 올바르게 하지 못했기 때문에 적지 않은 청년들이 제국주의 반동들에게 농락당하여 반사회주의 책동에 휘말리게 되었다. 일부 국가에는 청년들 이 자본주의 사상의 영향을 받아서 소설도 혁명적인 것은 안 보고 부화방탕한 것들만 보고 있다."(상동, 당정 간부회의)

"사회주의가 붕괴한 결과 구소련과 동구 제국의 인민들에게 가져다준 것은 정치적 무권리와 빈궁뿐이다. 국가와 사회의 주인으로서 당당한 권리를 행사하면서 생활하던 그들이 사회적으로 버림을 받고 생활의 밑바닥을 헤매고 있다. 누구도 그들의 운명을 지켜주고 돌봐주려고 하지 않는다. 돈이 없는 사람은 아무리 지식이 있고 나라와 인민을 위하여 공로를 세웠다 하더라도 가을 낙엽 같은 운명을 면할 수가 없다. 위대한 조국 해방 전쟁 시기에 피를 흘리며 싸웠던 사람들이 그처럼 귀중하게 여기며 소중하게 보관해 오던 훈장과 메달들을 얼마의 돈을 얻기 위해 팔고 있으며 길가에 앉아 걸식하고 있다. 사회주의 조국의 번영과 인민의 행복을 위하여 공적을 쌓은 과학자, 기술자들이 먹고살기 위하여 타국으로 나가고 있다. 웃음과 행복만 알고 있으면 되는 어린이들이 구두닦기 통을 메고 길모퉁이에 줄을 잇고 있고 자동차 청소부 일을 하면서 살아가고 있다.

　무상치료 제도의 혜택 가운데서 병 치료의 걱정을 모르고 살아오던 사람들이 병이 걸려도 돈이 없어 병원에 갈 수가 없어서 약 한 봉지도 써보지 못하고 숨을 거두는 것이 보통이다. 상점과 식당, 극장과 영화관에 들어가면 자기의 것, 민족 고유의 풍습과 정서라는 것은 찾을 수가 없게 되었다. 사람들은 자본주의 복귀로 처참하게 된 자기들의 처우와 생활 상황을 보고, 지금에 와서야 겨우 어느 사회가 더 좋았는가를 터득하게 되었다. 자본주의에 대해 동경과 환상의 결과가 이처럼 가혹하다는 것을 생각도 못 했던 것이 그들이었다."(1999년 6월 20일 군, 정 간부회의)

"드디어 인민대중은 각성하기 시작했다. 그것이 두려워서 부르주아 정치가들은 '자유'를 소리 낼 수 있는 데까지 외치고 있다. 일하고 싶으면 일하고, 먹고 싶으면 먹고, 놀고 싶으면 놀고, 춤추고 싶으면 춤을 출 수 있는 자본주의 사회가 얼마나 자유로운 세상인가를 말하는 것이다. 그러나 생각해 보시오. 일할 곳이 어디 있으며, 먹을 것이 어디 있는가. 일할 곳이 없는 사람들, 굶어 쓰러져 있는 사람들이 어떻게 노래를 부르고 춤을 출 수가 있으며 마음 내키는 대로 쉴 수가 있겠는가! 그것은 제국주의자들이 인민을 자본주의 올가미 속으로 더욱 단단하게 묶어두기 위한 독을 지닌 감언에 지나지 않는다. 인민의 진정한 삶과 행복은 오직 사회주의뿐이다. 그것이 진리이다(중략). 자본주의에 대한 환상은 스스로 죽음을 택하는 것이다."(1999년 6월 20일 군정 간부회의)

"20세기가 끝나가려 하고 있다. 오늘날 진보적 인류는 다가오는 신세기에 지배와 예속이 없고, 침략과 약탈이 없으며 자유롭고 평화로운 세계에서 살기를 염원하고 있으며 그 실현을 위해 투쟁하고 있다. 그러나 이 시대의 흐름에 역행하는 낡은 세력이 있다. 그들이 바로 제국주의자들이다. 제국주의자들은 신세기에도 전 세계를 자기들의 손아 귀에 넣고 마음대로 하려는 망상 하에 군사력 강화에 박차를 가하고 있다. 미국이 공군력 강화에 크게 역점을 두고 있는 것도 그 일환이다.

미 국방성이 올해 3월부터 6월에 걸쳐서 행한 유고슬라비아 공습 작전의 평가작업을 끝내고 그 결과에 근거해서 더욱 공군력을 강화해야 한다고 하는 안을 의회에 제출했다고 한다(중략). 미국의 공군력 강화는 어제오늘에 와서 제기된 것이 아니다. 미국이 조선 전쟁과 베트남 전쟁, 걸프전쟁을 위시하여 대소 수많은 전쟁을 공군력에 근거하여 수행했다는 것은 세상 사람들이 다 알고 있는 사실이다. 미국은 해외 침략을 성과적으로 감행하기 위하여 언제나 공군력 강화에 힘을 쏟고 있어야 한다(중략). 미국이 강력한 공군력에 따라서 최초로 공격하려 하는 대상은 우리나라밖에는 없다. 이번 미국이 전개한 유고 공습은 우리나라를 침략하기 위한 시험적인 전쟁이었다는 것은 이미 확인된 사실이다. 그러나 미국이 우리나라를 공군력으로 공격해서 침략 목표를 달성할 수 있다고 생각하는 것은 분별없는 놈들의 망상에 지나지 않는다. 우리는 미국이 하늘로부터 들어오더라도, 바다로부터 들어오더라도 섬멸적 타격을 가할 만단의 준비를 하고 있다. 유럽 주둔 미제 침략군을 위시한 NATO의 전략무기(미사일)는 우리 공화국으로 조준을 맞추고 있다. 그들은 조선반도가 제2의 유고슬라비아로 될 수 있다고 폭언을 토하고 있을 정도이다."(상동 간부회의)

"냉전 시대에 미국은 공산주의 위협을 요란하게 떠들면서 서방 세계를 자기들에게 종속시킬 수가 있었다. 그러나 냉전기가 종식되면서 미국은 그러한 구실을 잃게 되었다. 한편 세계의 다극화를 주장하는 대열이 증가하고 있다. 이로부터 미국은 세계를 군사적으로 지배하기 위한 술책을 잇달아 만들기 시작했다. 그중 하나가 '미사일 방어체계 (TMD-전역 미사일 방어구상)'이다. 원래 '미사일 방어체계'는 냉전기의 유물에 지나지 않는다. '미사일 방어체계'는 1983년 당시 미국 대통령이던 레이건이 제출했던 '스타워즈 계획(전략방위구상)'의 복사판이다. 황당무계한 이 계획은 불과 몇 년 사이에 90억 달러를 소비한 후 보류된 채 세상에 웃음거리가 되고 말았다. 미국이 이 계획을 추진한 진짜 의도는 구 소련에 과도한 군사비 부담을 지게하고 그 나라의 지도부를 압박하여 경제발전에 커다란 지장을 주려는데 있었다. 1991년에 미국은 '스타워즈 계획'을 보다 현실적 규모로 축소하여 1993년에는 '전략방위 구상'기구를 '탄도미사일 방위기구'로 정식 개편했다. 이렇게 하여 미사일 방어체계는 세계에 알려지게 되었다."(상동, 당정 간부회의)

"여기에 따라 이 지역은 세계에서 전략무기 대비 밀도가 가장 높은 지역으로 가장 위험한 화약고가 되었다. 조선반도는 언제 폭발할지 알 수 없는 시한폭탄 위에 앉아 있는 것과 같다. 냉전 시대에 미국은 미국 본토와 세계 각지에 전개한 전략무기가 주가 되어 소련의 위협에 대처하기 위해서라고 주장해 왔다. 그렇다면 냉전이 끝났고 소련연방이 해체된 지금, 누구를 대상으로 하는 것인가? 냉전이 끝난 후 미제는 소련의 위협이 사라졌다고 말할 수밖에 없을 것이다. 대국 간에는 호상 간에 전략무기의 조준을 맞추지 않기로, 위협도 주지 않기로, 더욱이 핵무기 일부를 철폐한다고 하는 합의까지 가능하게 되었다. 이러한 조건에서 미제가 그러한 방대한 전략무기를 유지할 이유는 어디에 있다고 하는 것인

가? 결론부터 말한다면 전략무기의 표적은 우리 공화국이다."(상동 군, 정 간부회의)

"그들은 우리가 사정거리가 더 긴 탄도미사일을 개발하고 있다던가, 미사일 발사시험을 또 하려 하고 있다던가 말이 격해지면서 우리의 미사일 위협을 어느 때보다도 떠들썩하게 법석을 떨고 있다. 그러나 그것은 자기 그림자에 놀란 속이 검은 자들의 광란적인 발작에 지나지 않는다. 미제의 모든 전략무기와 장비에 설치된 전자두뇌에는 공화국 북반부를 공격하기 위한 프로그램이 입력되어 있다. 이것들은 버튼만 누르면 언제든지 공화국으로 발사될 수 있다(중략). 미제는 그것도 부족하여 우주에 수천 개의 스파이 위성을 띄워놓고 우리 공화국의 공격 대상물을 상시 감시, 추적하고 있으며 최근에는 우리 미사일 위협을 구실로 전역 미사일방어 체계까지 개발해서 배치하려 하고 있다. 이것은 미국의 전략무기가 우리 공화국을 겨냥하고 있다는 것을 명백히 실증해 주는 것이다."(삼동 군·정 간부회의)

"속담에 손님도 3일간 머물면 고맙지 않다고 한다. 하물며 태평양을 건너서 미국 군대가 몇 년인가? 반세기를 훨씬 지났는데 남의 거실에 들어앉아 있으니 이 이상으로 파렴치한 불청객이 또 어디에 있겠는가? 남조선에서 미제 침략군 놈들이 감행한 야수적 만행은 인간의 상상을 초월하고 있다. 미제 침략군 강도 놈들은 남조선 인민을 짐승 사냥하듯이 죽이며 여성을 능욕하고 물자를 강탈

했다. 앵글로색슨족 우월주의를 제창하는 미제는 우리 민족을 열등 민족, 하동 민족으로 취급했다. 이런 민족적 망신이 또 어디 있단 말인가?"(상동 군·정 간부회의)

"우리나라의 통일과 민족적 번영을 위하여 조선반도의 평화와 아시아. 세계평화와 안전을 위하여 미제 침략군은 남조선으로부터 자체 없이 나가야만 한다. 남조선으로부터 미군을 철수시키는 일은 미국을 위해서도 좋은 것이다. 지금 미국은 해외 주둔 미군 유지비로 막대한 자금을 소비하고 있다. 남조선 인민은 영토 내에 침략군을 두고 있어서는 재난과 고통, 불행을 면할 수 없으며 자주 민주 통일의 염원도 실현될 수 없다는 현실적 자각으로부터 출발하여 미군과 그 군사기지 철수. 철폐 투쟁을 힘차게 전개하고 있다."(상동 군·정 간부회의)

"미제는 우리 공화국에 대해서는 평화적인 인공위성 발사도 미사일 실험이라고 무리한 난제를 걸어오면서도 일본이나 남조선 괴뢰의 위험한 핵무기 개발과 미사일 개발은 극력 덮어 감추고 있다. 미제의 묵인 아래 일본이 잠재적 핵무기 대국이 되었다고 하는 것은 이미 세상이 다 아는 사실이다. 일본은 핵무기 제조에 필요한 기술, 설비, 자재를 모두 갖추고 있다. 플루토늄만 하더라도 핵무기 4천 발 이상을 만들 수 있는 방대한 양을 보유하고 있다. 일본은 그것으로 만족하지 않고 최근 또 해외로부터 플루토늄을 가져오고 있다. 2001년경에는 핵무기 6만 발을 제조할 수 있다고 전해지고 있다. 이에 대해 전 세계 여론이 경악을 나타내고 있지만, 미제는 한마디도 언급하지 않고 있다. 우리 공화국에 대해서는 불과 몇 그램밖에 되지 않는 미량의 플루토늄 의혹을 트집 잡는 미국이 플루토늄 몇 톤씩 가지고 있는 일본에 대해서는 침묵하고 있다."(상동 군·정 간부회의)

"일본 자위대는 미제가 제공한 미사일을 위시한 전략무기만이 아니고 자기들이 개발한 많은 전략 전술 미사일로 무장하고 있다. 일본의 미사일 개발은 우주개발이라는 미명 아래 급속히 추진되고 있다. 일본이 이미 인공위성을 수없이 쏘아 올렸다는 사실에 대해서는 재론할 필요도 없다. 발사에 이용된 H-2형 로켓은 핵탄두를 운반할 수 있는 대륙간 탄도미사일에 버금가는 것이다. 우리 공화국의 최초의 인공위성에 대해서는 미친 듯이 떠들어 대던 미제가 일본의 인공위성 발사에는 어째서 입을 다물고 있는가? 일본의 침략 무력이 가지고 있는 미사일은 모두 우리 공화국을 겨냥하고 있는 것이다. 이것은 최근 일본 반동들이 북의 미사일 발사시험을 막는다고 하면서 우리의 기지와 시설에 대한 공중 폭격의 음모를 꾸민 사실로부터 여실히 폭로되고 있다."(상동 군·정 간부회의)

"우리 인민은 최초의 인공지구위성 '광명성 1호'를 궤도상으로 쏘아 올렸다는 것으로서 주체 조선의 강력한 위력을 전 세계에 남김없이 과시했다. '광명성 1호'는 세계에서 가장 위력 있는 인공지구위성이며, 세계사에서 처음으로 탄생한 위성이다. 우리들은 미제의 침략을 막아내기 위해서도 사회주의와 조국 통일을 위해서도 '광명성 1호' 뿐만 아니고 2호, 3호, 4호 등 더욱 위력 있는 위성을 완벽하게 만들어야 한다. 그래야 주체 조선이 세계에서 최대 강국이 될 수 있다. 그들이 우리나라의 지하 핵 시설 의혹과 탄도미사일 발사를 문제시하면서 소동을 벌이고 있는 것도 전쟁 도발의 구실을 준비하려는데 그 목적이 있는 것이다."(상동 군·정 간부회의)

"우리는 다시 조선반도에서 전쟁이 일어날 경우 그 불꽃이 이 지역에만 한정될 수 없다고 본다. 만약 조선반도에서 다시 전쟁이 일어난다면 미국만이 아니고 그 총알받이로 나선 남조선 괴뢰군, 그리고 미군에 기지를 제공하기도 하고, 심부름을 하는 일본을 위시하여 모든 적대세력 모두가 공격 목표가 될 것이다. 미국과 일본, 남조선 괴뢰는 우리들에 대한 부당한 핵 소동과 미사일 소동을 즉각 중지해야 하며, 치명적 파멸의 구렁텅이에 빠지지 않으려면 우리를 위협하는 불장난을 걷어치워야 할 것이다."(상동 군·정 간부회의)

"우리는 조국의 부강 발전과 민족 최대의 숙명이며, 염원인 조국 통일을 위해서도 군사를 중시하지 않으면 안 된다. 바다와 하늘과 육지, 그 어디를 막론하고 침략자가 도발해 온다면 단숨에 때려눕힐 수 있는 만반의 준비를 갖추어야 한다. 다시는 서해와 같은 일이 재발하지 않도록 해야 한다. 금창리를 위시한 우리나라의 국방시설에서 기본 동력으로 되는 자강도의 건설을 최종단계로 더욱더 추진시켜야 하겠다. 그리고 봉화대와 마양도, 신포의 미사일 기지를 난공불락의 요새로 공고하게 다져 나가야 하겠다."(1999년 10월 3일, 군·정 간부회의)

"국민의 정부를 표방하고 있는 김대중 정권은 한국민의 정권이 아니고 일본 쪽의 소임을 맡은 사대 매국 정권이다. 그의 1년 8개월은 이 나라 역사에 일찍이 없었던 범죄적인 친일 역적 행위로 기록되고 있다. 김대중 역도는 작년 2월에 거행한 대통령 취임식에서 자기의 첫 의례 행사를 그곳에 참석한 일본 전 총리인 나카소네와 만나는 것으로 시작했는데 그는 그 자리에서 과거 일본 군국주의 죄악의 상징인 일본 왕을 천황이라 치켜세우면서 천황이 한국을 방문할 수 있는 환경을 마련할 생각이라고 아양을 떨면서, 청와대에서 일본의 특사를 만난 자리에서도 다시 일본 천황의 방한은 한일관계 진전에 중요한 전기가 될 것이라고 숙적의 방한을 구걸했다(중략), 잇따라 김대중 김종필 친일 역도들은 일본 총리 오부치를 제주도로 초청해서 일본 왕의 방한을 조기에 실현하기로 합의했다. 김대중은 일본 왕 앞에서 "양국의 역사 중에 얼마간 비우호적인 시기가 있었으나 그것 때문에 한일의 오랜 우호 관계에 손상을 주는 것은 선조에 대해서도 자손에 대해서도 면목이 없는 일"이라고 역사를 왜곡하였고 우리 선조를 모욕하면서 일제의 죄상을 추궁하지 않았다. 천추에 용납할 수 없는 역적질을 했

다."(상동 군·정 간부회의)

"수령님은 김대중은 민족주의자인 동시에 애국주의자라고 말씀하셨다. 그 말씀에 대해서 그리고 수령님의 사랑과 배려, 동지적 신뢰에 대해서 금일의 김대중은 배신으로 답하고 있다. 결국은 그놈이 그놈인 격이다. 김대중은 야당 시절 민주화를 외치며 접근했으면서도 신뢰와 의리를 모두 버리고 반사회주의와 반통일책동에 미친 듯이 뛰쳐나가고 있는 것이다. 김대중을 두목으로 하고 있는 남조선 당국자들은 동포와 민족을 위해서라고 말한다. 또한 조국 통일을 위해서라는 구실의 모토 아래서 갖가지 형태의 '햇볕정책'을 실시하고 있지만, 사실은 우리 공화국을 현혹시키기 위한 기만 정책에 지나지 않는다. 이번 남북 회담의 최대의 목적은 금수산 궁전에 참배하는 것이다. 수령님의 유체가 안치되어 있는 금수산으로 가서 경의를 표하고 참배하게 되면 김대중을 믿고 함께 손을 잡을 수 있을 것이다."(상동 군, 정 간부회의)

당의 유일사상체계 확립의 10대 원칙

1. 위대한 수령 김일성 동지의 혁명사상으로 온 사회를 일색화하기 위하여 몸 바쳐 투쟁하여야 한다. 수령님의 혁명 사상으로 온 사회를 일색 화하는 것은 우리 당의 최고 강령이며 당의 유일사상체계를 세우는 사업의 새로운 높은 단계이다.

   (1) 당의 유일사상체계를 세우는 사업을 끊임없이 심화시키며 대를 이어 계속해 나가야 한다.
   (2) 위대한 수령 김일성 동지께서 창건하신 우리 당을 영원히 영광스러운 김일성 동지의 당으로 강화 발전시켜 나가야 한다.
   (3) 위대한 수령 김일성 동지께서 세우신 프롤레타리아 독재 정권과 사회주의 제도를 튼튼히 보위하고 공고 발전시키기 위하여 헌신적으로 투쟁하여야 한다.
   (4) 주체사상의 위대한 혁명적 기치를 높이 들고 조국 통일과 혁명의 전국적 승리를 위하여 우리나라에서의 사회주의 공산주의 위업의 완성을 위하여 모든 것을 다 바쳐 투쟁하여야 한다.
   (5) 전 세계에서 주체사상의 승리를 위해 끝까지 싸워나가야 한다.

2. 위대한 수령 김일성 동지를 충심으로 높이 우러러 모셔야 한다. 위대한 수령 김일성 동지를 높이 우러러 모시는 것은 수령님께 끝없이 충직 한 혁명 전사들의 가장 숭고한 의무이며 수령님을 높이 우러러 모시는 여기에 우리 조국의 끝없는 영예와 우

리 인민의 영원한 행복이 있다.

(1) 혁명의 영재이시며 민족의 태양이시며 전설적 영웅이신 위대한 김일성 동지를 수령으로 모시고 있는 것을 최대의 행복. 최고의 영예로 여기고 수령님을 끝없이 존경하고 흠모하여 영원히 높이 우러러 모셔야 한다.

(2) 한순간을 살아도 오직 수령님을 위하여 살고 수령님을 위하여서는 청춘도 생명도 기꺼이 바치며 어떤 역경 속에서도 수령님에 대한 충성의 한 마음을 변함없이 간직하여야 한다.

(3) 위대한 수령 김일성 동지께서 가리키시는 길은 곧 승리와 영광의 길이라는 것을 굳게 믿고 수령님께 모든 운명을 전적으로 위탁하며 수령님의 영도 따라 나아가는 길에서도 못해 낼 일이 없다는 철석같은 신념을 가지고 수령님께서 이끄시는 혁명 위업에 몸과 마음을 다 바쳐야 한다.

3. "위대한 수령 김일성 동지의 권위를 절대화하여야 한다. 위대한 수령 김일성 동지의 권위를 절대화하는 것은 우리 혁명의 지상 요구이며 우리 당과 인민의 혁명적 의지이다."

(1) 위대한 수령 김일성 동지밖에는 그 누구도 모른다는 확고한 입장과 관점을 가져야 한다.

(2) 위대한 수령 김일성 동지를 정치 사상적으로 옹호하며 목숨으로 사수하여야 한다.

(3) 경애하는 수령 김일성 동지의 위대성을 내외에 널리 선전하여야 한다.

(4) 위대한 수령 김일성 동지의 절대적인 권위와 위신을 백방으로 옹호하며 현대 수정주의와 온갖 원쑤들의 공격과 비난으로부터 수령님을

견결히 보위하여야 한다.

(5) 위대한 수령 김일성 동지의 권위와 위신을 훼손시키려는 자그마한 요소도 비상 사건화하여 그와 비타협적인 투쟁을 벌여야 한다.

(6) 경애하는 수령 김일성 동지의 초상화, 석고상, 동상, 초상 휘장, 수령님의 초상화를 모신 출판물, 수령님을 형상한 미술작품, 수령님의 현지 교시판, 당의 기본구호들을 정중히 모시고 다루며 철저히 보위하여야 한다.

(7) 경애하는 수령 김일성 동지의 위대한 혁명 력사와 투쟁 업적이 깃들어 있는 혁명 전적지, 혁명 사적지, 당의 유일사상 교양의 거점인 '김일성 동지 혁명 사적관'과 '김일성 동지 혁명 사상 연구실'을 정중히 꾸리고 잘 관리하며 철저히 보위하여야 한다.

4. 위대한 수령 김일성 동지의 혁명 사상을 신념을 삼고 수령님의 교시를 신조화하여야 한다. 위대한 수령 김일성 동지의 혁명 사상을 확고한 신념으로 삼고 수령님의 교시를 신조화하는 것은 수령님께 끝없이 충직한 주체형의 공산주의 혁명가가 되기 위한 가장 중요한 요구이며 혁명 투쟁과 건설사업의 승리를 위한 선결 조건이다.

(1) 위대한 수령 김일성 동지의 혁명 사상, 주체사상을 자기의 뼈와 살로 유일한 신념으로 만들어야 한다.

(2) 위대한 수령 김일성 동지의 교시를 모든 사업과 생활의 확고한 지침으로 철석같은 신조로 삼아야 한다.

(3) 위대한 수령 김일성 동지의 교시를 무조건 접수하고 그것을 자로하

여 모든 것을 재어 보며 수령님의 사상 의지대로만 사고하고 행동하여야 한다.

(4) 위대한 수령 김일성 동지의 로작들과 교사들, 수령님의 영광 찬란한 혁명력사를 체계적으로, 전면적으로 깊이 연구 체득하여야 한다.

(5) 위대한 수령 김일성 동지의 혁명 사상을 배우는 학습회, 강연회, 강습을 비롯한 집체 학습에 빠짐없이 성실히 참가하여 매일 2시간 이상 학습하는 규율을 철저히 세우고 학습을 생활화, 습성화하며 학습을 게을리하거나 방해하는 현상을 반대하여 적극 투쟁하여야 한다.

(6) 위대한 수령 김일성 동지의 교시 침투 체계를 철저히 세우고 수령님의 교시와 당의 의도를 제때에 정확히 전달 침투하여야 하며 왜곡 전달하거나 자기 말로 전달하는 일이 없어야 한다.

(7) 버거, 토론, 강연을 하거나 출판물에 실린 글을 쓸 때는 언제나 수령님의 교시를 정중히 인용하고 그에 기초하여 내용을 전개하며 그와 어긋나게 말하거나 글을 쓰는 일이 없어야 한다.

(8) 위대한 수령 김일성 동지의 교시와 개별적 간부들의 지시를 엄격히 구별하며 개별적 간부들의 지시에 대하여서는 수령님의 교시에 맞는가 맞지 않는가를 따져보고 조금이라도 어긋날 때에는 즉시 문제를 세우고 투쟁하여야 하며 개별적 간부들의 발언 내용을 '결론'이요. '지시'요 하면서 조직적으로 전달하거나 집체적으로 토의하는 일이 없어야 한다.

(9) 위대한 수령 김일성 동지의 교시와 당 정책에 대하여 시비 증상하거나 반대하는 반당적인 행동에 대하여서는 추호도 응화묵과하지 말고 견결히 투쟁하여야 한다.

(10) 위대한 수령 김일성 동지의 혁명 사상과 어긋나는 자본주의 사상, 봉건 유일사상, 수정주의, 교조주의, 사대주의를 비롯한 온갖 반당적, 반혁명적 사상 조류를 반대하여 날카롭게 투쟁하며 수령님의 혁명 사상, 주체 사상의 순결성을 철저히 고수하여야 한다.

5. 위대한 수령 김일성 동지의 교시 집행에서 무조건성의 원칙을 철저히 지켜야 한다. 위대한 수령 김일성 동지의 교시를 무조건 집행하는 것은 수령님에 대한 충실성의 기본 요구이며 혁명 투쟁과 건설사업의 승리를 위한 결정적 조건이다.

(1) 위대한 수령 김일성 동지의 교시를 곧 법으로, 지상의 명령으로 여기고 사소한 이유와 구실도 없이 무한한 헌신성과 희생성을 발휘하여조건 철저히 관철하여야 한다.

(2) 경애하는 수령 김일성 동지의 심려를 덜어 드리는 것을 최상의 영예로, 신성한 의무로 간주하고 모든 것을 다 바쳐 투쟁하여야 한다.

(3) 위대한 수령 김일성 동지의 교시를 관철하기 위한 창발적 의견들을 충분히 제기하며 일단 수령님께서 결론하신 문제에 대해서는 중앙집권제 원칙에 따라 자그마한 드틈도 없이 정확히 집행하여야 한다.

(4) 위대한 수령 김일성 동지의 교시와 당 정책을 접수하면 곧 집체적으로 토의하여 옳은 집행 대책과 구체적인 계획을 세우고 조직 정치 사업을 짜고 들며 속도전을 벌여 제때에 철저히 집행하여야 한다.

(5) 위대한 수령 김일성 동지의 교시 집행 대장을 만들어놓고 교시 집행정형을 정상적으로 총화하고 재 포치하는 사업을 끊임없이 심화시켜 교시를 중도반단함이 없이 끝까지 관철하여야 한다.

(6) 위대한 수령 김일성 동지의 교시를 말로만 접수하고 집행을 태공하는 현상, 무책임하고 주인답지 못한 태도, 요령주의, 형식주의, 보신주의를 비롯한 온갖 불건전한 현상을 반대하여 적극 투쟁해야 한다.

6. 위대한 수령 김일성 동지를 중심으로 하는 전당의 사상 의지적 통일과 혁명적 단결을 강화하여야 한다. 전당의 강철같은 통일단결은 당의 불패의 힘의 원천이며 혁명 승리의 확고한 담보이다.

(1) 위대한 수령 김일성 동지를 중심으로 하는 전당의 사상 의지적 통일을 눈동자와 같이 지키고 더욱 튼튼히 다져 나가야 한다.

(2) 모든 단위, 모든 초소에서 수령님에 대한 충실성에 기초하여 혁명적 동지애를 높이 발양하며 대렬의 사상 의지적 단결을 강화해야 한다.

(3) 위대한 수령 김일성 동지에 대한 충실성을 척도로 하여 모든 사람들을 평가하고 원칙적으로 대하여 수령님께 불성실하고 당의 유일사상체계와 어긋나게 행동하는 사람에 대해서는 직위와 공로에 관계없이 날카로운 투쟁을 벌여야 한다.

(4) 개별적 간부들에 대하여 환상을 가지거나 아부 아첨하며 개별적 간부들을 우상화하거나 무원칙하게 내세우는 현상을 철저히 반대하여야 하며 간부들이 선물을 주고받는 현상을 없애야 한다.

(5) 당의 통일단결을 파괴하고 좀먹는 종파주의, 지방주의, 가족주의를 비롯한 온갖 반 당적 사상 요소를 반대하여 견결히 투쟁하며 그 사소한 표현도 절대로 묵과하지 말고 철저히 극복하여야 한다.

7. 위대한 수령 김일성 동지를 따라 배워 공산주의적 풍모와 혁

명적 사업 방법 인민적 사업 작품을 소유하여야 한다. 위대한 수령 김일성 동지께서 지니신 고매한 공산주의적 풍모와 혁명적 사업 방법, 인민적 사업 작품을 따라 배우는 것은 모든 당원들과 근로자들의 신성한 의무이며 수령님의 혁명 전사로서의 영예로운 사명을 다하기 위한 필수적 요구이다.

(1) 당의 노동계급과 인민의 이익을 첫 자리에 놓고 그것을 위하여 모든 것을 다 바쳐, 투쟁하는 높은 당성, 노동 계급성, 인민성을 소유하여야 한다.

(2) 계급적 원쑤들에 대한 비타협적 투쟁 정신과 확고한 혁명적 원칙성, 불요불굴의 혁명정신과 필승의 신념을 가지고 혁명의 한길로 억세게 싸워나가야 한다.

(3) 혁명의 주인다운 태도를 가지고 자력갱생의 혁명정신을 높이 발휘하여 모든 일을 책임적으로 알뜰하고 깐지게 하며 부닥치는 난관을 자체의 힘으로 뚫고 나가야 한다.

(4) 노쇠와 침체, 안일과 해이를 반대하고 왕성한 투지와 패기와 정열에 넘쳐 언제나 긴장하게 전투적으로 일하며, 소극과 보수를 배격하고 모든 사업을 대담하고 통이 크게 벌여나가야 한다.

(5) 혁명적 군중 관점을 튼튼히 세우고 청산리 정신, 청산리 방법을 철저히 관철하며, 대중 속에 깊이 들어가 대중을 가르치고 대중에게서 배우며 대중과 생사고락을 같이하여야 한다.

(6) 이신작칙의 혁명적 기풍을 발휘, 어렵고 힘든 일에 언제나 앞장서야 한다.

(7) 사업과 생활에서 항상 검박하고 겸손하며 소탈한 품성을 소유하여

야 한다.

(8) 관료주의, 주관주의, 형식주의, 본위주의를 비롯한 낡은 사업 방법과 작품을 철저히 배격하여야 한다.

8. 위대한 수령 김일성 동지께서 안겨 주신 정치적 생명을 귀중히 간직하며 수령님의 크나큰 정치적 신임과 배려에 높은 정치적 자각과 기술로써 충성으로 보답하여야 한다. 위대한 수령 김일성 동지께서 안겨 주신 정치적 생명을 지낸 것은 우리의 가장 높은 영예이며 수령님의 정치적 신임에 충성으로 보답하는 여기에 정치적 생명을 빛내어 나가는 참된 길이 있다.

(1) 정치적 생명을 제일 생명으로 여기고 생명의 마지막 순간까지 자기의 정치적 신념과 혁명적 지조를 굽히지 말며 정치적 생명을 위해서는 육체적 생명을 초개와 같이 바칠 수 있어야 한다.

(2) 혁명조직을 귀중히 여기고 개인의 이익을 조직의 이익에 복종시키며 집단주의 정신을 높이 발휘하여야 한다.

(3) 조직 생활에 자각적으로 참가, 사업과 생활을 정규화, 규범화하여야 한다.

(4) 조직의 결정과 위임 분공을 제때에 성실히 수행하여야 한다.

(5) 2일 및 주조직 생활총화에 적극 참가하여 수령님의 교시와 당 정책을 자로 하여 자기의 사업과 생활을 높은 정치 사상적 수준에서 검토 총화하며 비판의 방법으로 사상투쟁을 벌이고 사상투쟁을 통하여 혁명적으로 단련하고 끊임없이 개조해 나가야 한다.

(6) 혁명과업 수행에 투신하고 노동에 성실히 참가하며 혁명적 실천과

정을 통하여 혁명화를 다그쳐야 한다.

(7) 가장 고귀한 정치적 생명을 안겨 주신 수령님의 크나큰 정치적 신임과 배려에 충성으로 보답하기 위하여 높은 치적 열성을 발휘하며 정치 이론 수준과 기술 실무 수준을 높여 언제나 수령님께서 맡겨주신 혁명 임무를 훌륭히 수행하여야 한다.

9. 위대한 수령 김일성 동지의 유일적 령도 밑에 전당, 전국, 전군이 한 결같이 움직이는 강한 조직 규율을 세워야 한다. 위대한 수령 김일성 동지의 유일적 령도 체계를 튼튼히 세우는 것은 당을 조직 사상적으로 강화하고 당의 령도적 역할과 전투적 기능을 높이기 위한 근본 요구이며 혁명과 건설의 승리를 위한 확고한 담보이다.

(1) 위대한 수령 김일성 동지의 혁명 사상을 유일한 지도적 지침으로 하여 혁명과 건설을 수행하며 수령님의 교시와 명령, 지시에 따라 전당, 전국, 전군이 하나와 같이 움직이는 수령님의 유일적 령도 체계를 철저히 세워야 한다.

(2) 모든 사업을 수령님의 유일적 령도 체계의 의거하여 조직 진행하며 정책적 문제들은 수령님의 교시와 당 중앙의 결론에 의해서만 처리하는 강한 혁명적 질서와 규율을 세워야 한다.

(3) 모든 부문, 모든 단위에서 혁명 투쟁과 건설사업에 대한 당의 령도를 확고히 보장하며 국가 경제 기관 및 근로단체 일꾼들은 당에 철저히 의거하고 당의 지도 밑에 모든 사업을 조직 집행해 나가야 한다.

(4) 위대한 수령 김일성 동지의 교시를 관철하기 위한 당과 국가의 결

정, 지시를 정확히 집행하여야 하며 그것을 그릇되게 해석하고 변경
시키거나 그 집행을 여기는 현상과는 강하게 투쟁하며 국가의 법규
범과 규정들을 자각적으로 엄격히 지켜야 한다.

(5) 개별적 간부들이 아래 단위의 당, 정권 기간 및 근로 단체의 조직적
인 회의를 자의대로 소집하거나 회의에서 자의대로 결론하며 조직적
인 승인 없이 당의 구호를 마음대로 떼거나 만들어 붙이며 당 중앙의
승인없이 사회적 운동을 위한 조직을 내오는 것과 같은 인체 비조직
적인 현상들을 허용하지 말아야 한다.

(6) 개별적 간부들이 월권행위를 하거나 직권을 람용하는 것과 같은 온
갖 비원칙적인 현상들을 반대하여 적극 투쟁하여야 한다.

(7) 위대한 수령 김일성 동지에 대한 충실성을 기본 척도로 하여 간부들
을 평가하고 선발 배치하여야 하며, 친척, 친우, 동향, 동창, 사제 관
계와 같은 정실, 안민 관계에 의하여 간부 문제를 처리하거나 개별적
간부들이 제멋대로 간부들을 펴고 등용하는 행동에 대하여서는 묵과
하지 말고 강하게 투쟁, 간부 사업에서 제정된 질서와 당적 규율을
철저히 지켜야 한다.

(8) 당, 국가 및 군사 기밀을 엄격히 지키며 비밀을 누설하는 현상들을
반대하여 날카롭게 투쟁하여야 한다.

(9) 당의 유일사상체계와 당의 유일적 지도 체계에 어긋나는 비조직적
이며, 무규율적인 현상에 대하여서는 큰 문제이건 작은 문제이건 제
때에 당중앙위원회에 이르기까지 당 조직에 보고하여야 한다.

10. 위대한 수령 김일성 동지께서 개척하신 혁명 위업을 대를 이

어 끝까지 계승하며 완성해 나가야 한다. 당의 유일적 지도 체계를 확고히 세우는 것은 위대한 수령님의 혁명 위업을 고수하고 빛나게 계승 발전시키며 우리 혁명 위업의 중국적 승리를 이룩하기 위한 결정적 담보이다.

(1) 전당과 온 사회에 유일사상체계를 철저히 세우며 수령님께서 개척하신 혁명 위업을 대를 이어 빛나게 완수하기 위하여 수령님의 령도 밑에 당 중앙의 유일적 지도 체계를 확고히 세워야 한다.

(2) 위대한 수령 김일성 동지에서 항일혁명 투쟁 시기에 이룩하신 영광스러운 혁명전통을 고수하고 영원히 계승 발전시키며 혁명전통을 헐뜯거나 말살하려는 반당적 행동에 대해서는 그 자그마한 표현도 반대하여 견결히 투쟁하여야 한다.

(3) 당 중앙의 유일적 지도 체계와 어긋나는 사소한 현상과 요소에 대해에서도 묵과하지 말고 비타협적으로 투쟁하여야 한다.

(4) 자신뿐 아니라 온 가족과 수대들도 위대한 수령님을 우러러 모시고 수령님께 충성을 다하며 당 중앙의 우일적 지도에 끝없이 충실하도록 하여야 한다.

(5) 당 중앙의 권위를 백방으로 보장하며 당 중앙을 목숨으로 사수하여야 한다. 모든 당원들과 근로자들은 당의 유일 사상 체계를 확고히 세움으로써 누구나 다 위대한 수령 김일성 동지께 끝없이 충직한 근위대, 결사대가 되어야 하며 수령님께서 가리기사는 길을 따라 혁명 위업을 끝까지 완성해 나가야 한다.

편집후기 내가 만난 김용규 선생

최수경(글마당 앤 아이디얼북스 대표)

▶ 저자 김용규와 함께한 필자

내가 김용규 선생을 만나게 된 건 12년 전인 2012년으로 거슬러 올라간다. 우리 출판사에서 펴낸 '이슬람바로알기 시리즈'에 관심을 갖고 성원을 해주시던 권영해 전 안기부장께서 김용규 선생을 소개해 주었다. 당시 그는 암투병 중이었다. 대전에 있는 한 요양병원에 머물면서 한 달에 한 번씩 강북삼성병원에 진료차 들릴 때마다 함께 점심을 하거나, 내가 대전으로 내려가면서 이 『태양을 등진 달바라기』가 만들어졌다.

언젠가 좌파 공영방송같은 KBS-TV에서 6·25 무렵 우리나라가 소년병 간첩을 부렸다는 고발 다큐멘터리를 방송하는 걸 보고 화가 치밀었다. 당시 북한도 마찬가지로 소년병 간첩을 운용하였고, 김용규 선생은 바로 남파 간첩을 안내하는 소년병 간첩으로 이용당하였다.

1. 영화 〈빠삐용〉 주인공같은 기구한 삶을 살아가다

홀로 북한 땅에서 살아남기 위해서 김용규의 삶은 영화 〈빠삐용〉의 주인공처럼 처절하였다. 그나마 머리가 뛰어난 그는 남쪽의 서울대에 비견되는 김일성대에까지 진학하지만, 김일성 정권은 그를 그냥 두지 않았다. 철저하게 그들의 인간소모품으로 이용하기 위해서 끝내는 남파간첩으로 활용하였다.

그는 귀순한 이후에 자신의 삶을 이처럼 송두리째 망가뜨린 김일성 정권을 고발하는 여러 고발서를 내었다, 가장 충격적인 '김일성의 비밀교시'는 서슬 시퍼런 김대중 정권 당시 일본에서 김동혁이란 가명으로 출판되어 큰 충격을 안겨주었다.

그리고 폐암 투병 중에도 김일성 정권의 마지막 고발서인 이 책을 출간하려고 온 힘을 다해 글을 써 내려갔다. 나는 아직도 병상에서 그의 빤짝이는 영롱한 눈빛을 잊을 수가 없다. 옆의 다른 환자들은 초점 잃은 눈빛으로 그저 천장만 멍하니 쳐다보고 있는데 비하여…

권 장관님과 나는 그의 이런 비장한 노력에 큰 박수를 보내며 성원을 아끼지 않았다. 한번은 집필하던 낡은 컴퓨터가 그만 고장이 나는 바람에 데이터가 모두 사라지는 우여곡절도 있어서, 새로 노트북을 구해드렸더니 그렇게 좋아할 수가 없었다.

김용규 선생이야말로 본인이 '달바라기'같은 기구한 인생을 살다가 가신 셈이다. 그가 세상을 떠난 후 그가 쓰던 노트북에서 내가 발견한 것은 빛바랜 낡은 흑백사진 한 장이다. 북한에 두고 온 아들 삼형제의 늠름한 사진이 있었다. 그는 귀순 후 남쪽에서도 새 가정을 꾸려 1남 1녀를 두었다. 수구초심(首丘初心)이라는 말이 있듯 과연 그는 생전에 어디를 향해 머리를 두었고, 그리워하였을까? 두 번 다시 이 땅에서는 김용규 선생 같은 비련의 삶은 없어야 한다.

2. 이 책은 왜 11년 만에 다시 출판하게 되었는가?

그동안 많은 분이 이 책을 찾았던 탓에 기실 재판(再版)작업은 오래전부터 해왔다. 좌파세력이 자라난 YS정권에서 본격 좌파정권인 DJ 노무현 문재인 정권에 이어 최근 윤석열 대통령의 탄핵에 이르면서 우리 사법부의 작태는 왼쪽으로 기울어진 그 완결판을 보는 듯하다.

우리 국민에게 이 나라 사법부가 왜 이렇게 좌경화되었는가를 일깨워야 할 사명감으로 개정증보판 출판을 서두르게 되었다. 김일성의 장학생으로 넘쳐나는 사법부의 작태를 고발하고, 국민이 깨어나야 할 필독서가 바로 이 책이다.

그의 유훈(遺訓)은 대한민국의 적화를 노리는 북한의 야욕에 맞서 끝까지 싸워달라는 것이었다. 그리고 이 일에 보탬이 되었으면 하는 간절함으로 그의 저서들인 『시효인간』, 『소리없는 전쟁』, 『김일성의 비밀교시』까지 판권을 양도해주었다. 나는 그의 이런 유지(遺志)가 이어지는 데 최선을 다할 요량이다.

그리고 우리 출판사에서는 이 책에 이어 또 한 명의 고위 귀순 간첩인 박병엽(일명 신경완)가 쓴 『압록강변의 겨울』과 권위 있는 일본유물론학회에서 펴낸 『광주 5·18 마르크스 혁명은 왜 실패하였는가』, 『일본 외무성이 분석한 한국전쟁의 배경』 등 '북한바로알기 시리즈'가 계속 출판된다. 북한 정권이 무너지는 그날까지…

화보 1

▶ 김용규가 자수 당시의
전남 거문도 풍경

▶ 동아일보 1면 톱으로
보도된 '거문도거물간첩단
자수' 당시 신문기사
(1076. 10. 30.)

▶ 동아일보에 연재된
그의 수기 '평양의 비밀지령'
(1977. 3. 22.)

화보 2

▶ 그의 삶을 다룬 영화
〈평양비밀지령〉

▶ 귀순후 25년만에
극적인 가족 친척상봉

▶ 그의 저서들
(『김일성 비밀교시』,
『소리없는 전쟁』,
『시효인간』)

화보 3

▶ 귀순후의 김용규

▶ 결혼식 광경

▶ 장례식장 모습(2013년)

▶ 국가유공자로 인정받은 김용규. 그러나 90년대 이후
   무슨 연고인지 국가유공자 신분이 제외되었다.